智慧水利应用实践
土石坝雷达遥感与北斗变形监测

Application Practice of Intelligent Water Conservancy

Earth-Rock Dam Deformation Monitoring with InSAR and GNSS

陈　凯　平　扬　熊寻安　龚春龙　主编

江苏凤凰科学技术出版社 · 南京

图书在版编目（CIP）数据

智慧水利应用实践 ：土石坝雷达遥感与北斗变形监
测 / 陈凯等主编. —— 南京 ：江苏凤凰科学技术出版社，
2021.10
　　ISBN 978-7-5713-1834-5

　　Ⅰ．①智… Ⅱ．①陈… Ⅲ．①遥感技术－应用－土石
坝－安全监测 Ⅳ．①TV698.1

　　中国版本图书馆CIP数据核字(2021)第053508号

智慧水利应用实践　土石坝雷达遥感与北斗变形监测

主　　　编	陈 凯 平 扬 熊寻安 龚春龙
项 目 策 划	凤凰空间 / 周明艳
责 任 编 辑	赵 研 刘屹立
特 约 编 辑	周明艳

出 版 发 行	江苏凤凰科学技术出版社
出版社地址	南京市湖南路1号A楼，邮编：210009
出版社网址	http：//www.pspress.cn
总 经 销	天津凤凰空间文化传媒有限公司
总经销网址	http：//www.ifengspace.cn
印　　　刷	河北京平诚乾印刷有限公司

开　　　本	787 mm×1092 mm　1 / 16
印　　　张	13.5
字　　　数	324 000
版　　　次	2021年10月第1版
印　　　次	2021年10月第1次印刷

标 准 书 号	ISBN 978-7-5713-1834-5
定　　　价	158.00元

图书如有印装质量问题，可随时向销售部调换（电话：022-87893668）。

编委会

前言

当前我国中小型水库群安全管理面临严峻挑战，需要应对水库数量多且分散、运行使用时间长、管理技术力量薄弱、运行维护资金不足等不利因素。我国已建成的9.8万座各类型水库中，中小型水库占绝大多数，建成年代多在20世纪50～70年代，早期工程建设质量参差不齐且运行使用时间长，病险水库约占40%。中小水库群安全管理问题十分突出，是水利工程管理中的明显短板。

2019年全国水利工作会议指出，"水利工程补短板、水利行业强监管"是当前和今后一个时期水利改革发展的总基调。在新时代治水思路的引领下，如何借助卫星技术、通信技术、计算机技术等快速发展的先进技术，破解水库大坝的安全管理困局，加强中小水库群安全监测，是摆在水利工作者面前的一项重要课题。

面向全国数量众多的中小型水库，如何选择合适的安全监测技术组合，在满足管理需求的前提下，实现精准、高效、经济的安全监测，是一个需要认真思考的问题。更为特殊的是，在高度发达的城市里也存在水库群，一旦发生灾难事故，将具有更大的破坏性，因此更加迫切地需要高等级安全防护。

基于深圳地区水库众多的严峻局面和迫切需求，深圳市水务规划设计院股份有限公司作者团队于 2012 年起逐步探索 InSAR、北斗等新技术在土石坝安全监测中的应用，基于水利部公益性行业科研专项经费项目"北斗卫星实时监测水库群坝体变形技术研究"项目，以及水务相关部门支持的利用北斗和 InSAR 技术开展大坝监测的工程项目，取得了一系列优秀的科研成果和丰富的工程实践经验。本书是对深圳市水务规划设计院股份有限公司作者团队的科研成果介绍和生产经验总结，同时也融入了对未来水库安全监测的一些思考。

　　本书重点介绍了应用于水库大坝表面变形监测的全球导航卫星系统（GNSS）技术、InSAR 技术的原理和方法，同时介绍了融合变形监测技术、渗流渗压监测技术等开展的全要素组合监测，为城市水库群的安全监测提供了一套可遵循的理论与实施方法，也为广大农村地区的小型水库加强监管提供了应对思路。

　　本书侧重于向广大读者介绍先进实用的新技术，在本书中有两条主线：一条是对监测新技术的介绍，如 InSAR 技术、GNSS 技术；另一条是介绍各种技术在大坝监测中的综合应用，即土石坝健康诊断和综合管理。

本书编写团队创造性地提出了"水库群安全监测"这一概念，将一定行政区域内的水库作为一个整体进行监测，既有利于组织监测工作，也有利于降低成本，还有利于消除全国 90% 以上小型水库得不到任何形式的监测这一实际问题。

　　本书适宜读者为在校水利专业学生和广大的水库管理者及基层工作者。本书还介绍了编写团队在从事水库监测工作中对 InSAR、GNSS 等技术的探究与创新，也可供对 InSAR、GNSS 技术感兴趣的读者参考。

陈凯

目录

第一篇
安全：水库管理必须面对的问题

2019 年全国水利工作会议指出，加快转变治水思路和方式，将工作重心转到"水利工程补短板、水利行业强监管"上来，这是当前和今后水利改革发展的总基调。水库的安全问题是当前水利工程的短板之一，建设"水库大坝安全监测监督平台"，加强水库的安全监测，便是对"水利行业强监管"强有力的回应。

我国水库安全监测面临的形势不容乐观。调查结果表明，中小型水库大坝的安全监测设施严重不足，特别是小型水库有安全监测设施的不足总数的 10%，水库大坝安全监测工作存在**相关法规制度不健全、监测经费投入偏低、监测预警薄弱、监管把关不严、专业技术力量不足**等问题[1]。

本书编写团队创造性地提出了"水库群安全监测"这一概念。由于一定行政区域内水库的监测工作具有同质性，水库监测以"群"为单位进行，有利于相关监测基础设施的布置、相关北斗与 InSAR 卫星资源的使用、相关通信设施的使用与布设、相关软件的开发与布设，**便于统一监测、统一管理、统一预警，整体经费也大幅下降**，这样就有助于解决上述的监测经费投入偏低、监测预警薄弱、专业技术力量不足等问题，从而有利于在全国大范围推动水库的安全监测工作。

综合运用北斗、InSAR 等先进技术，建立高效、经济、动态监测的水务安全监测作业新模式，极大地提升水库的安全管理能力、恶劣天气应对能力，是水库管理未来发展的必然趋势，也是当务之急。

第 1 章　新形势下的水库安全监测

1.1　补短板与强监管

为满足经济和社会发展的需要，我国建设了许多水库大坝工程。水库大坝是指在山沟或河流的狭口处建造拦河坝从而形成人工湖泊，是一种拦洪蓄水和调节水流的水利工程建筑物。水库工程不仅是调控水资源时空分布、优化水资源配置的重要工程措施，也是江河防洪工程体系的重要组成部分，是生态环境改善不可分割的保障系统。在保障经济和社会发展及国家水安全中具有不可替代的基础性作用，具有很强的公益性、基础性、战略性，不仅关系到防洪安全、供水安全、粮食安全，而且关系到经济安全、生态安全、国家安全。以我国最具代表性的三峡水库为例，它能够高效治理一系列长江中下游地段的防洪问题，同时具有发电、灌溉、供水和航运的作用，在整个库区的经济发展中发挥着重要的综合性功用，带来了巨大的经济效益。

在水库工程发挥经济效益、社会效益的同时，水库大坝安全问题则关系到人民生命财产的安危和国家安全，也应受到重视。但受制于技术水平和经济条件，水库大坝安全现状还存在一定的不足。

党的十八大以来，习近平总书记多次就治水发表重要讲话、做出重要指示，深刻指出随着我国经济社会不断发展，水安全中的老问题仍有待解决，新问题越来越突出、越来越紧迫，明确提出了"节水优先、空间均衡、系统治理、两手发力"的治水思路，突出强调要从改变自然、征服自然转向调整人的行为、纠正人的错误行为。这是习近平总书记深刻洞察我国国情、水情，针对我国水安全严峻形势提出的治本之策，是习近平新时代中国特色社会主义思想在治水领域的集中体现。

2019 年全国水利工作会议指出，要从信息化工程方面补短板。针对水利行业信息化发展总体滞后、基础设施不足、技术手段单一、业务协同不够等情况，聚焦防洪、抗旱、水工程安全运行、水工程建设、水资源开发利用、城乡供水与节水、水土流失、水利监督等水利信息化业务需求，加强水文监测站网、水资源监控管理系统、水库大坝安全监测监督平台、山洪灾害监测预警系统、水利信息网络安全等建设，推动建立水利遥感和视频综合监测网，提升监测、监视、监控覆盖率和精准度，建设水利大数据中心，整合提升各类应用系统，增强水利信息感知、分析、处理和智慧应用的能力，以水利信息化驱动水利现代化。

在新时代治水思路的引领下，如何借助卫星技术、通信技术、计算机技术等快速发展的先进技术，破解水库安全管理难题，加强水库安全监测监管，是摆在水利工作者面前的一项重要课题。

1.2　水库安全监测形势严峻

根据《2018 年全国水利发展统计公报》，全国已建成各类水库 98 822 座，总库容 8.95×10^{11} m³。其中：大型水库 736 座，总库容 7.12×10^{11} m³，占全部库容的 79.55%；中型水库 3954 座，总库容 1.13×10^{11} m³，占全部库容的 12.63%；小型水库 94 132 座，总库容 7.0×10^{10} m³，占全部库容的 7.82%。

据统计，现有水库中 95% 以上建成于 20 世纪 80 年代之前。自建成起，这些水库的安全运行便是奠定我国水利水电建设工作的坚实基础，在防洪、发电、农业灌溉、生活用水供给等方面具有巨大的社会和经济价值，对我国的经济建设和发展十分重要。囿于水库建设时相应的水库设计与坝工理论不完备、施工工艺和经验不足等因素，在运行了三四十年甚至半个世纪后，许多水库仍存在着防洪标准低、病险隐患时有发生等严重问题。

水利部于 2016 年组织开展了全国水库大坝安全监测设施建设与运行现状调查，通过统计函调资料和现场调研等手段，分析了我国大中小型水库大坝安全监测布置、设施建设、运行维护和监管等方面的状况[2]。

根据 358 座大型水库调查数据，72.63% 的大型水库大坝设有表面变形监测，27.09% 设有内部变形监测，54.75% 设有渗流压力监测，66.20% 设有渗流量监测，29.05% 设有应力应变温度监测，92.74% 设有水位监测，87.43% 设有降水量监测。此外，65.64% 的大型水库设有自动化系统。在这些大型水库中，自动化系统运行正常的占 53.62%，运行基本正常的占 20.43%，运行不正常的占 17.87%，已报废的占 8.08%。

根据 2591 座中型水库调查数据，51.76% 的中型水库大坝设有表面变形监测，11.04% 设有内部变形监测，26.63% 设有渗流压力监测，49.05% 设有渗流量监测，8.53% 设有应力应变温度监测，80.66% 设有水位监测，75.03% 设有降水量监测。此外，

34.23% 的中型水库建设有自动化系统。在这些中型水库中，运行正常的占 51.86%，运行基本正常的占 21.20%，运行不正常的占 20.97%，已报废的占 5.97%。

根据 90 180 座小型水库调查数据，有水位观测的占 49.60%，有渗流量监测的占 6.50%，有渗压监测的占 3.09%，有变形监测的占 9.03%。

调查结果表明，水库大坝安全监测工作存在相关法规制度不健全、监测经费投入偏低、监测预警薄弱、监管把关不严、专业技术力量不足等问题。因此：有必要加强法规制度和技术标准建设，健全安全监测监管体系；有必要加大监测基础设施投入，增强大坝安全监测预警能力；有必要加强大坝安全监测监管，确保安全监测设施持续可靠运行[3]。

但是面对如此分布广泛、数量众多的中小型土石坝水库，安全监测应当采用何种方式方法开展？如何做到既经济合理，又能满足管理要求？如何采用更多高科技、信息化手段来支持？这一系列新的问题考验着当今的水利工作者。

1.3　土石坝安全监测

经过多年的发展与总结，《土石坝安全监测技术规范》（SL 551—2012）将土石坝安全监测内容分为巡视检查和仪器监测。仪器监测要素包括变形监测、渗流监测、压力（应力）监测、环境量监测、地震反应、水力学监测等。在中小型水库中，一般开展巡视检查工作，部分开展变形监测、渗流监测、环境量监测等工作。土石坝安全监测内容与手段见表 1-1。

表 1-1　土石坝安全监测内容与手段

监测类型	监测项目	常用的监测手段
变形监测	1. 坝体表面变形； 2. 坝体（基）内部变形； 3. 防渗体变形； 4. 界面及接（裂）缝变形； 5. 近坝岸坡变形； 6. 地下洞室围岩变形	全站仪、经纬仪、水准仪、垂线坐标仪、多点位移计、激光准直、引张线、静力水准仪、收敛计、GNSS、InSAR 等
渗流监测	1. 渗流量； 2. 坝基渗流压力； 3. 坝体渗流压力； 4. 绕坝渗流； 5. 近坝岸坡渗流； 6. 地下洞室渗流	量水堰计、测压管、渗压计、电测水位计、气压 U 形管、水温计、pH 计、电导率计、透明度计

续表 1-1

监测类型	监测项目	常用的监测手段
压力（应力）监测	1. 孔隙水压力； 2. 土压力； 3. 混凝土应力应变	应变计、土压力计、温度计、锚杆应力计、锚索（杆）测力计、岩石应力计、孔隙水压计等
环境量监测	1. 上下游水位； 2. 降雨量、气温、库水温； 3. 坝前泥沙淤积及下游冲刷； 4. 冰压力	雨量计、温度计、水位计、水尺、测深仪、测波标杆（尺）
其他监测	包括巡视检查、地震反应和水力学监测。其中巡视检查的监测项目包括坝体、坝基、坝区、输渠水洞（管）、溢洪道、近坝岸坡	

根据《土石坝安全监测技术规范》，土石坝的安全监测应根据工程等级、规模、结构形式及其地形、地质条件和地理环境等因素，设置必要的监测项目及相应设施，定期进行系统监测。近坝岸坡和地下洞室进行稳定监测，可根据工程具体情况选设专项。

1.4 土石坝安全监测技术现状

1.4.1 变形监测技术现状

1）传统变形监测技术

大坝变形监测的传统技术手段主要有视准线法、引张线法、前方交会法、极坐标法、正倒垂线法等水平位移监测方法，以及水准测量法、连通管法等垂直位移监测方法，其中较为常用的是全站仪极坐标法、水准测量法。这些方法具有很大的灵活性，可以满足不同精度、不同外界条件和不同变形体的要求。但是这些方法也存在以下缺点，即消耗的人力资源和物力资源相对较多，变形信息的采集、处理、分析效率较低，恶劣天气应对能力偏弱等。

以传感器、激光技术和自动全站仪为基础的自动化变形监测系统，相较于人工变形监测手段，变形监测数据采集能力更强，自动化程度更高。

首先是传感器法。应用于大坝自动化变形监测系统的传感器主要有电气式传感器、光纤传感器两种类型。电气式传感器是把人工变形监测手段观测到的几何量采用垂线法、引张线法或连通管法等转换成与之成比例的电气量，转换方法有电压、电容、电感、电阻等方式；光纤传感器则利用大坝变形的几何量来调制光纤的光参数，然后将这些光参数变化转换成电信号进行测量，从而进行变形监测。传感器法变形监测虽然实现了测量的自动化，但是其本质上仍然是垂线法、引张线法、连通管法等方法，虽然成本低、易操作，但精度较低、可靠性较差。

其次是激光准直法。大坝激光准直变形监测系统是利用激光方向性强、亮度高、单色性和相干性好等特点以及波带板激光衍射原理进行设计的，激光源和光电探测器分别安装在大坝一侧的发射端和另一侧的接收端（大坝两端点的位置可由正倒垂线法进行测量），波带板安装在坝体变形观测点处。当需要测量大坝某变形点时，调节该点的波带板所在的工作位置，从激光器发射出的激光束照满波带板后在接收端上形成干涉图像，按照波带板激光准直方法在接收端上测定图像的中心位置，从而求出水平位移和垂直位移。不过，激光准直法只能监测直线形大坝，对于拱坝等非直线型大坝则无法使用，且安装真空激光准直系统的施工比较复杂，成本较高。

目前常用的自动全站仪，由电机驱动和程序控制，可以实现测量的全自动化。其进行变形监测的原理依然是前方交会法或极坐标法。在大坝周围通视条件好并且稳定的地方设置基准站，架设测量机器人，在大坝两端稳定的地方设置基准点，并在坝体上合理地布置位移监测点，架设反射棱镜。测量机器人在计算机的控制下，自动照准目标棱镜，采集基准点，变形监测点的水平角、垂直角，以及距离等数据，全自动实时平差得到变形监测点的三维坐标，两次结果之差就是大坝的相对水平位移、垂直位移。自动全站仪既能用于监测坝体，也能用于监测边坡，且监测精度较高。采用测量机器人能够实现自动化监测，但是受通视、天气条件的影响，使用范围受到一定限制。

2）　GNSS 变形监测技术

随着监测技术的发展，GNSS 监测被逐渐应用到变形监测中。GNSS 变形监测技术具有全天候、高精度、实时、自动化变形监测以及不受站点通视条件影响的特点和实时预警的能力，在台风、暴雨等极端气象条件下具有独特优势。以 GNSS 技术为基础，开展对土石坝表面变形监测结果的实时分析，有助于提高水库安全管理水平。

国外从 20 世纪 80 年代开始用 GPS 进行变形监测，发展到今天已经相当成熟。自20 世纪 80 年代末以来，世界上许多国家纷纷布设地壳运动卫星导航监测网，为地球动力学研究和地震与火山喷发预报服务。随着实时动态测量技术（Real Time Kinematic，以下简称 RTK 技术）的出现和采样频率的提高，人们注意到卫星导航系统在动态变形监测方面有着无可比拟的优势，并逐步开始利用卫星导航技术来进行建筑物的健康监测，为工程结构物的健康诊断和设计检验提供必要的位移信息。国际上将卫星导航技术用于大型工程结构物动态变形监测出现在 20 世纪 90 年代中期，随后国内外一些学者对此进行了一系列的试验性研究工作，并诞生了很多成功案例。目前，卫星导航位移监测主要应用在地质灾害、尾矿、交通、水利、水电、高层建筑等方面的监测。

在大坝监测领域，我国早期的大坝 GNSS 监测以 GPS 监测为主。国内最早的大坝变形监测系统是原武汉测绘科技大学开发研制的清江隔河岩大坝变形监测系统[2]，其在 1998 年长江流域特大洪水期间的监控为水库超量拦洪蓄水提供了科学依据，从而让水库减轻了中下游的防汛抗洪压力，避免了荆江分洪，避免了大量经济效益的损失，并产生了巨大的社会效益。清江隔河岩大坝外观变形 GPS 自动化监测系统，反应时间小于 15 分钟，1 小时 GPS 观测数据解算的点位水平精度优于 1 mm，垂直精度优于 1.50 mm，6 小时解算结果水平精度优于 0.50 mm，垂直精度优于 1 mm，其在 1998 年 7 月出现的 150 年来最大的洪水中正常工作，并准确地观测出大坝的振动变化情况。于 2009 年建成的西龙池上水库 GPS 变形监测系统则实现了坝体的连续、自动化监测，系统的 2 小时解在北（N）、东（E）、高（U）方向重复性精度分别为 1.20 mm、0.90 mm、2.20 mm，4 小时解在北（N）、东（E）、高（U）方向重复性精度分别为 0.80 mm、0.70 mm、1.50 mm，能够进行高效率、高精度的大坝变形监测。

随着 GNSS 终端技术的发展，接收机从单系统向双系统发展，期间大坝变形监测以 GPS 和格洛纳斯（GLONASS）双系统为主，应用案例也较多，如澜沧江糯扎渡水电站枢纽工程安全监测自动化系统的大坝 GNSS 监测子系统[3]、澜沧江小湾拱坝 GNSS 自动化监测系统[4]、广东郁南大堤 GNSS 变形监测系统[5] 等，取得了很好的监测效果。

随着国产北斗导航二代、三代系统的建设以及 GNSS 技术的发展进步，国内大批企业进军集成北斗、GPS 和 GLONASS 等多 GNSS 系统高精度板卡研发制造领域，变形监测技术逐渐向北斗、GPS、GLONASS 等多系统组合监测发展。包含北斗技术的 GNSS 变形监测技术逐渐应用于水库大坝表面变形观测，并取得了良好效果。在南方某市，先后有多座水库建成了 GNSS 变形监测系统，实现了全天候、高精度、自动化变形监测。实践证明，利用 GNSS 定位技术开展土石坝安全监测，水平精度可达 1～2 mm，高程精度可达 2～3 mm，能够满足土石坝安全监测技术规范的精度要求。

3）InSAR 变形监测技术

合成孔径雷达干涉测量（Interferometric Synthetic Aperture Radar，简称 InSAR）技术是近年来地面沉降监测的新方法，能有效克服精密水准测量和 GPS 网测量的一些缺陷。该技术精度高，覆盖范围大，具有全天候、全天时对地观测能力，不仅能够提供宏观的静态信息，而且能够给出定量的动态信息，可以持续提供长时间序列的地面沉降情况。

目前雷达卫星遥感已经进入大数据时代，免费和高分辨率的数据源不断增加，常用 SAR 卫星数据基本参数见表 1-2，SAR 卫星数据情况如图 1-1 所示。TerraSAR-X 双星、COSMO-SkyMed 星座、Sentinel-1 卫星、Radarsat-2 卫星、国产高分三号、ALOS-2 卫星等卫星为 InSAR 技术的发展及应用提供了可靠的数据源。随着国产 SAR 卫星水平的不断提升，未来将进一步促进国内 InSAR 技术的应用发展。目前，InSAR 技术已在地形测绘、全球环境变化、灾害监测评估、变形监测等相关领域得到了广泛应用，并取得了一系列成果。

表 1-2　常用 SAR 卫星数据基本参数

序号	卫星名称	运行波段	卫星数量（颗）	重访周期（天）
1	TerraSAR-X/Tan DEM-X	X	2	11
2	COSMO-SkyMed	X	4	14
3	PAZ	X	1	11
4	Sentinel-1	C	2	12
5	Radarsat-2	C	1	24
6	高分三号	C	1	29
7	ALOS-2	L	1	14

InSAR 技术的监测精度一般可达 2 ~ 5 mm，若采用角反射器技术则精度可优于 1 mm，能满足大部分变形监测的精度要求。但其缺点是受植被覆盖的影响大，在植被覆盖率较大的地区，InSAR 监测几乎无能为力。而由于大坝的形体相对统一，植被覆盖较少，故 InSAR 技术尤其适合于大坝上的监测。

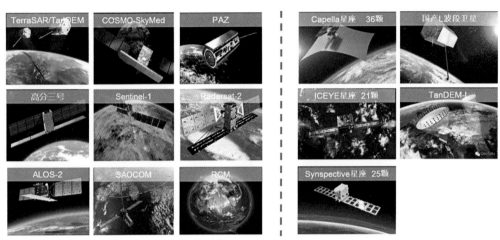

图 1-1 在轨 SAR 卫星（左）及在建（计划）SAR 卫星（右）

南方某市从 2012 年开始利用 InSAR 技术对水务基础设施进行表面变形监测研究，在 A、B、E、F 等水库坝体，以及该市水库渡槽、海堤等设施变形监测方面进行了成功应用。图 1-2 是利用 3 m 分辨率 SAR 影像获取的 A 水库 5 号坝体在建成初期的表面变形场，监测时间段为 2015 年 1 月至 2016 年 10 月。坝体主要沉降区域发生在坝顶及上坡面位置，从坝体结构可知，这方面的沉降量主要来自于回填黏土的收缩。分析可知，InSAR 技术可在水库坝体表面获取高分辨率的沉降监测结果。

图 1-2 A 水库坝体 InSAR 变形监测结果

在土石坝表面变形监测的应用中，GNSS 与 InSAR 技术各有优缺点，具体比较见表 1-3。实际应用中，两种技术的优缺点可相互补充，如 GNSS 技术可以全天候 24 小时进行单点实时监测，而 InSAR 技术则在面域监测上有优势，但在实时监测方面存在明显不足。

表 1-3　GNSS 技术与 InSAR 技术性能指标

性能指标	GNSS 技术	InSAR 技术
监测精度	1～3 mm	2～5 mm 采用角反射器可优于 1 mm
监测频率	24 h 实时监测	间隔几天至几十天（视卫星资源）
监测范围	单点监测	面域监测
三维监测	三维监测	主要用于沉降监测
测点布设	需安装 GNSS 设备	无需安装设备
历史追溯	安装设备前的历史变形无法追溯	可事后追溯历史变形

1.4.2　渗流监测技术

渗流安全是影响土石坝整体安全的重要因素。根据国内外大坝失事原因的调查统计，因渗流问题而导致的失事占比仅次于洪水漫顶，高达 30%~40%。对于土石坝而言，渗透水流浸湿土壤除降低其强度指标外，渗透力达到一定程度的话还将导致坝坡滑动、防渗体被击穿以及坝基的管涌、流土等重大渗流事故，直接威胁大坝的运行安全。

目前，可用于大坝渗流压力监测的传感器较多，如开敞式或封闭式的测压管类，以及振弦、电阻应片式、差动电阻式等电测类空隙水压力计，各有其优缺点和适用条件。对土石坝渗流压力监测仪器的选择，还应根据不同的监测目的、土体透水性、渗流场特征以及仪器特征和埋设条件等，选用测压管或振弦式孔隙水压力计。

然而，通过选择若干重点断面，布置相应的点式监测仪器所获取的信息非常有限，无法对集中渗漏进行有效监控。近年来发展起来的分布式光纤热渗流监测技术作为一种全新的渗流监测技术，克服了点式布置测量点有限和成本高的缺点，可以通过实时测量空间温度场的分布来连续地测量地温，从而实现间接获得土石坝的渗流场分布信息，提高了发现水工建筑物及其基础集中渗流通道的概率，而且费用较低。该技术可以作为传统渗流监测方法的重要补充，并可以发展为一种大坝、堤防及其他工程渗流安全的早期预警系统。

计算机、通信、采集以及网络等技术的不断发展，新仪器、新方法的不断涌现、改进和完善，为大坝安全监测技术的快速发展奠定了坚实的基础。目前仪器不断地向自动化、智能化转变。智能传感器是近几年出现在工业测控领域中的带有微处理器的新型传感器，兼有检测、判断和信息处理能力，相当于分布到单个传感器一级的采集单元。

1.4.3 水雨情监测技术

土石坝体位移变形、稳定性、渗流、压力等状态和工作情况的变化，与周围自然环境的变化密切相关。要了解自然环境的变化对土石坝运行状态的影响，并为土石坝的变形、稳定、渗流、应力计算分析提供资料，必须开展水雨情信息的监测。

目前，现有的水文自动测报系统大致可分为自报式、应答式和自报应答兼容式三种体制。自报式系统的数据单方向传输，每发生一个计量单位的变化时，测站便实时采集并发送资料，可靠性强，实时性强。该系统结构简单、价格低廉、维修方便，近几年来在水雨情测报系统中得到广泛应用。应答式系统是当水雨情资料发生变化时，遥测站自动采集和存储资料，但并不向中心站发送资料。这种方式的特点是中心站主动召测，为数较多的测站被动反应。由于测站的接收机始终处于接收状态，因此整机功耗大，只适合于能够保证电源的地区。自报应答兼容式系统综合了以上两种方式的特点，实时性和可控制性好，功能强，但设备复杂、功耗大、成本高，应用较少。

水文自动测报系统中的常用无线通信方式有超短波通信、卫星通信、移动网络通信等。其中，移动网络通信方式无需中继，建设费用低，维护费用由移动无线运营商承担，信道误码率低，是目前较为流行的方式。其在通信条件较好的地区可做主通道，在偏僻山区及信号较弱的地区可做备用通道。

GNSS 系统具有通信速度快、支持多用户并发处理、高可靠性、低功耗、设备结构简单易维护等特点，正好与水情自动测报系统所要求的实时性、可靠性、准确性以及抗雨衰相对应，在水文监测中可以发挥积极作用。基于 GNSS 技术的水文监测利用 GNSS 卫星的短报文通信功能可以实现水文监测数据的实时传输，解决了在流域内偏远地区及山区部署自动测站的通信问题，为水利、水电部门实现全流域水情自动测报提供了重要技术支撑。

1.4.4　监测技术现状小结

虽然近些年来大坝变形监测自动化技术有了大幅提升，但是相较于渗流监测、应力应变及温度监测、环境监测等，大坝变形监测的自动化水平和能力仍显不足。以 2013 年广东省 331 座大中型水库大坝监测现状统计为例[6]，渗流量监测、坝体渗流压力监测的自动化占比分别为 38.7%、50.8%，而水平位移、垂直位移监测的自动化占比仅分别为 14.3%、13.0%。

土石坝 GNSS 自动化变形监测和 InSAR 遥感监测技术的应用，提高了监测精度，改善了监测条件，减轻了劳动强度，增强了对大坝安全的远程感知能力，对及时掌握大坝运行状态发挥了重要作用，也为大坝的安全评价提供了科学依据。随着水库安全管理水平的不断提升，自动化变形监测和大范围遥感监测的进一步发展是必然趋势。

从水库管理的现状看，多数水库工程地处偏远山区，工作条件和生活条件较为艰苦，管理单位难以引进技术人才，经过长期培养、锻炼成长起来的业务骨干也容易外流，许多不具备大坝安全监测专业知识的人员从事或负责大坝安全监测工作，致使部分水库管理单位的监测长期存在专业人员匮乏、人员技术素质偏低、管理和责任意识不强等问题。在大多数水库缺乏专业的监测技术人员的情况下，人工监测结果的可靠性难以得到保障。自动化监测系统和遥感监测系统受人工干预少，无疑能增强监测结果的可靠性，提升水库的安全管理水平。

综上所述，大坝安全的自动化监测和大范围遥感监测是必然趋势，变形监测自动化作为大坝安全监测的薄弱环节亟须得到进一步技术提升。

本书编写团队从 2012 年起逐步探索 InSAR、GNSS 等新技术在土石坝安全监测中的研究与应用，取得了一系列研究成果。研究和应用实践表明，GNSS 技术和 InSAR 技术在大坝变形监测领域具有极大的应用潜力和广阔的市场前景。未来，国产北斗技术和 InSAR 遥感技术的发展将为大坝安全监测水平的提升提供有效的手段和良好的机遇。

第2章　水库群：安全监测中的特殊目标

2.1　水库群监测

为了区别于单座水库安全监测，本书编写团队提出了"水库群监测"这一概念。水库群是指在一定的行政管辖区或空间范围内，受该区域水行政主管部门管辖的水库的统称；由主管部门对水库群进行统一管理、统一监测、统一预警的安全监测预警工作称为水库群监测。大型水库和混凝土坝水库数量较少且监测手段相对完善，因此为了更好地叙述，在本书中所述及水库群监测是针对中小型土石坝水库而言的。

水库群是安全监测中特殊且尤为重要的目标，除了因为水库发生事故后损失巨大，还因为这一目标监测物分布广泛、数量众多，且监测工作具有同质性，便于组织起来进行统一管理。提出"水库群监测"这一概念的意义在于：在城市地区，可以利用 InSAR 技术结合 GNSS 技术做到重点监测与全覆盖监测相结合；在广大农村地区，可以利用 InSAR 技术做到全覆盖监测，从而进行全覆盖无缝监测服务。

只有将分布广泛、数量众多的中小型土石坝水库按照一定的行政区划单位（如县、区级）进行统一管理、统一监测、统一预警，利用 InSAR 技术结合 GNSS 技术做到全覆盖无缝监测，才有可能克服相关法规制度不健全、监测经费投入偏低、监测预警薄弱、监管把关不严、专业技术力量不足等现阶段的困难，从而满足"水利工程补短板、水利行业强监管"这一当前和今后一个时期水利改革发展的总基调要求。

统一管理：意味着水库群监测管理标准的相对统一。全国各地的实际情况、经济发展水平千差万别，但在一定的行政区域（县、区）内发展水平相对是平衡的，可以对水库群监测进行统一管理，将所辖范围内的水库监测标准在某种水平上统一起来，全县（区）一盘棋，统一安排、统一调度、统一经费。这样就可以克服相关法规制度不健全、监测经费投入偏低的不足。

统一监测：意味着水库群监测手段的统一。在遵守国家相关标准、规范的情况下，一个地区遵守同一套规范，并委托一家专业公司采用相同的手段对辖区内的水库进行监测，做到全县（区）统一水平、统一结果。这可以解决监管把关不严、专业技术力量不足的问题。

统一预警：意味着水库群监测预警的统一。实际上各地的水库管理者都希望得到所辖水库的变形预警值以便于管理。由于变形监测值与水库的建设年代、相关结构、养护水平及周边环境等因素密切相关，每个水库每个变形指标的预警值难以统一地由某个公式计算得到。在一定的行政区域内进行水库群监测，根据一定时期内（3~5 年）监测数据变化规律、水库大坝特性、建设年代及当地的地质环境，设定不同监测项目和监测点位的预警阈值，就有可能得出水库的预警阈值。

2.2 水库群安全的管理需求

水库群安全管理问题在城市地区显得较为突出。随着中国经济的高速发展，城市区域不断扩张，城市规模的扩大造成水库区域与城市建筑区域相互交织的现状，水库下游存在大面积的城市建筑（图 2-1），常住人口甚至可达百万，因而水库安全和居民人身、财产安全紧密相关。同时，这些位于城市中的水库群的主要功能也从多以农业灌溉为主并结合防洪、发电等综合利用，向城市供水和防洪转变。以南方某市为例：目前共有水库 189 座，水库总库容为 9.5×10^8 m³；该市境内无大江、大河、大湖、大库，蓄滞洪能力差，当地水资源供给严重不足，水库群成为该市水资源储备的重要基础设施。因此，在高度发达城市迫切需要开展高标准的水库群安全管理。

图 2-1　南方某市内的水库及其下游建筑区域

2.2.1　预防最不利事件的发生

公共安全与人民群众的切身利益以及经济社会的发展、稳定紧密相关，而紧抓水库群及其附属基础设施安全是公共安全工作的重点之一。溃坝无小事，即使是小型水库大坝发生溃坝，也会产生巨大灾难。2012 年 8 月 10 日，浙江省舟山市岱山县沈家坑水库大坝发生坍塌，造成 10 人死亡，27 人受伤，其中 1 人重伤。事故共造成 200 多间房屋受损、80 户居民受灾。沈家坑水库位于岱山县长涂镇，集雨面积 0.26 km^2，坝型为土坝，坝高 28.50 m，总库容 2.38 × 10^5 m^3，属小（二）型水库。已有溃坝案例发人深省，城市区域经济繁荣，人口密度大，如果发生溃坝事故，将会产生比农村区域更严重的后果。

2015 年 12 月 20 日，深圳市光明新区凤凰社区恒泰裕工业园发生特别重大滑坡事故，覆盖面积约 3.8 × 10^5 m^2，事故造成 73 人死亡，4 人失踪，直接经济损失达 8.8 亿余元人民币。此次事故表明：现行城市公共安全系统远不能满足实际需要，保障机制不够健全；城市基础运行系统较为脆弱，公共安全基础建设较为落后；对城市公共安全进行监测、预警、调查、评估的信息网络系统建设滞后，监测预警的科技手段较为落后，未能形成全面覆盖的信息管理技术平台；缺乏系统和长期的监测预警规划，缺乏物资储备和资金保障机制。

水库群安全管理需要针对中小型水库补短板。长期以来，由于安全管理水平落后，大量中小型水库安全监测和管理力量薄弱，未能形成有效的坝体安全监管体系，以便及时地对坝体进行除险加固，导致坝体破坏向不可逆的方向发展，进而成为病险库。这一历史遗留问题在土石坝上表现更为突出，由于土石坝坝体结构的特殊性，实现坝体的自动安全监测与分析评价存在诸多技术难点，造成了土石坝安全监测技术发展落后的不利局面，更导致了诸多水库不仅不能发挥正常的防洪功能和兴利效益，反而留下了大量严重的安全隐患。城市水库群也同样存在这一问题，其安全情况让众多城市管理者时刻牵挂。

2.2.2　发挥水利工程应有的效益

水库安全管理需要充分发挥工程效益。南方某市由于地理条件比较特殊，境内无大江、大河、大湖、大库（图 2-2），蓄滞洪能力差，当地水资源供给严重不足，80%以上的原水需从市外的东江引入，库容超 1.00 × 10^7 m^3 的大、中型水库有 16 座，人均水资源拥有量低于世界水危机标准，该市因此成为全国严重缺水城市之一。与极度缺水相对应的是当地水资源利用不足，其水库群总库容 9.50 × 10^8 m^3，许多水库为保证安全而在汛期长时间低水位运行。如果相关安全监测的措施到位，众多水库在汛期的水位可以适当提高，从而增强当地水资源的利用能力。全国广大农村地区的水库安全监测设施更为缺乏，造成这种有库容却不敢蓄水导致浪费相当一部分库容的现象比比皆是，这个矛盾在缺水的西北地区尤为突出。

图 2-2 南方某市水库分布示意

2.2.3 应对突发恶劣天气和特殊工况

　　水库群安全管理需要注重应对恶劣天气和特殊工况。以南方某市为例，受亚热带季风气候影响，全市年平均降水量 1935.80 mm，降水主要集中在每年 4 ~ 9 月，约占全年降水量的 85%，台风暴雨频发，年均受台风影响 3.5 次。在台风暴雨的影响下，常规监测手段如全站仪、水准仪观测无法开展，需要发展全天候监测能力。面对特殊工况，如水库发生险情、水库超正常水位运行等，需要及时掌握大坝各部位的安全监测信息，用于辅助管理决策。

2.3 水库群安全监测意义重大

　　水库群及其基础设施安全监测重点在于大坝，通过仪器观测和巡视检查对大坝坝体、坝基、坝肩、近坝岸坡及其他与大坝有直接关系的建筑物和设备进行测量与观察，进而对测量和观测的结果进行分析以评价大坝的安全性态。开展水库群及其基础设施安全监测是十分必要的。

2.3.1　水库管理制度的要求

根据《水库大坝安全管理条例》第十九条，大坝管理单位必须按照有关技术标准，对大坝进行安全监测和检查，对监测资料及时整理分析，随时掌握大坝运行状况。根据《土石坝安全监测技术规范》（SL 551—2012），大坝安全监测的监测类别包括巡视检查、变形监测、渗流监测、压力监测、环境量监测等，其具体内容根据建筑物级别设定。

为了应对新形势，针对城市小型水库群管理，南方某市人民政府于 2017 年 7 月相应出台了小型水库管理办法，其中对小型水库的安全运行提出了明确要求："水库管理单位要重视小型水库管理设施的建设与维护，配备满足水库正常运行必要的防汛抢险物资、工程管理设施、通信设施和监控设施，以及水位、雨量、渗流量等自动化监测设施，小（一）型和坝高超过 15 m 的小（二）型水库应当设置大坝变形和渗压监测设施，供水水库还应当设置水质监测设施。"

2.3.2　社会公共安全建设的需要

维护和保障社会公共安全至关重要，一旦社会公共安全出现危机，人民群众的切身利益就会遭受损害，经济社会的发展和稳定也会受到负面影响。在水务设施的公共安全方面，针对水库群现状，有必要开展安全隐患排查工作，摸清各中小型水库的安全现状，并对大坝和库岸边坡的安全开展常态化监测。

目前各水务工程的安全监测工作由各直管单位负责实施，受自身技术力量的限制，安全监测工作存在标准不统一、技术不够先进的情况。各地区水务行政主管部门有必要针对水务基础设施的安全工作现状，通过集中力量、统筹部署，促进安全监测能力的提升和安全监测工作的规范化，提升水务安全监测的整体水平。同时还有必要从全局出发，借助智能化、信息化手段，及时掌握安全风险动态，形成安全监管的主要抓手。

2.3.3　水利信息化建设的需要

三防决策支持系统是我国从国家到省、市正在大力建设的一套重点水利信息系统，而水库安全管控系统则是其中的重点内容。南方某市三防决策支持系统在全国来讲建设较早，但由于受到技术的成熟性及其他方面的限制，在进行该市三防决策支持系统规划设计时，没有考虑水库洪水风险管控系统的建设内容，致使该市三防决策支持系统的建设内容不完整，影响了其功能的发挥。开展该市中型水库洪水风险管控系统的建设，是满足当地水利信息化建设的需要。

2.3.4　现代工程管理的需要

现代工程管理普遍要求制定相关的法律法规，以达到指导水库大坝安全运行、规范水库大坝日常管理的目的。随着《水库大坝安全管理条例》和《土石坝安全监测技术规范》的颁布实施，我国的水库大坝管理工作正逐步走上现代化和法制化的道路。

开展安全监测对现代工程管理具有重要的意义：

（1）为水库安全运行服务。即便是优良的大坝，其工程形态也会随着时间的推移而发生变化，如果水库大坝因设计及施工缺陷、运行管理不善等而带"病"运行，便有可能酿成较大的恶性事故，甚至失事前也难以察觉。开展安全监测能够起到监测及预警工程形态、保障水库大坝安全运行的作用。

（2）推动工程设计与施工技术的进步，为坝工技术发展指明方向。任何科学技术的进步都离不开实验研究，但由于大坝工程的特殊性与复杂性，室内实验远不能满足工程技术的研究需要，所以大坝工程的设计、施工以及坝工技术的不断改进在很大程度上仍依赖于长期有效的安全监测资料的积累和分析。

（3）为病险工程诊断与合理加固提供依据。一般而言，没有监测资料分析的病险水库诊断在科学上、技术上都是有欠缺的，安全鉴定结论不但会影响除险加固方案的合理和有效选择，而且可能造成对病险水库的误判。

（4）评判工程事故及推动监测技术自身发展的需要。工程事故的发生都有一个过程，其中包含大量的事故征兆，往往会在监测资料中留下很多踪迹，通过分析监测资料，可以在一定程度上辅助评判事故的原因、程度和危害，为事故鉴定及责任划分提供依据。

2.4　水库群安全监测的未来出路

2.4.1　当前工作的不足

当前安全监测工作存在的问题大致分为三个方面，在数据采集、数据管理、数据应用方面均存在着问题与挑战。

在数据采集方面存在如下问题，主要表现如下：①采集效率低下：以人工采集为主，自动化程度不高，单次采集周期长。②技术水平参差不齐：监测技术人员整体素质水平不高，专业监测人员不足。③应对恶劣天气能力不足：台风暴雨期间无法及时反馈监测信息。④应急监测能力不足：未实现在线应急监测，难以应对特殊工况。面对这些挑战，如何选择合适的技术手段，建立自动化监测、全天候监测并提高应急监测能力？在提升技术水平的同时，也可能提升数据采集成本，如何建立高效低成本的监测模式？

在数据管理方面存在如下问题，主要表现如下：①数据管理分散：存在市一级直管、区一级直管、街道（乡镇）水务所管理、企业管理等多头管理的情况。②数据格式不统一：不同水库格式不同，未建立统一的数据格式，不利于集中管理。③数据质量难判断：对数据准确性难以明确判断，可能存在数据错误。④监测信息传递效率低：监测信息以纸质媒介为主，上传下达极为不便。面对这些挑战，如何监管安全监测工作的实施，控制安全监测数据质量？如何提升监测信息的传递效率，必要时及时预警？

在数据应用方面存在如下问题，主要表现如下：①数据表达手段单一：监测数据多为纸质报告形式，无法快速进行数据查询和数据分析，与业务应用需求还存在一定差距。②数据应用层次较低：监测数据应用仅停留在数值层面，未结合大坝材质和运行工况进行深入分析，数据挖掘程度不够。③安全预判预警能力不足：安全预警没有通用标准可遵循，预判预警需要专家团队的支持。面对这些挑战，如何提升数据应用效率，支撑智慧水库管理的业务需求？

2.4.2　开发先进监测技术

人工监测技术不匹配智慧水务的未来发展趋势。人工监测技术由于观测效率低、采集周期长，严重影响监测数据的时效性，数据质量得不到保障，监测结果受人为影响严重，降低了监测点数据的质量。人工监测数据采集频次低，难以捕获大坝等建筑物的微小变化，不利于总结建筑物的不利工况。在智慧城市、智慧水务的大背景下，人工监测无法满足智能感知的实际需要，大坝安全监测的自动化、智能化是必然趋势。

新技术还需要进一步研发以更适合水库群监测场景。目前，低功耗技术、GNSS技术、InSAR技术等已经在大坝安全监测领域获得了初步应用，具有监测范围广、安装部署方便、测量精度高、可连续观测、自动化水平高等优势。但是，在现有的技术基础上，还需要大量的深入开发，从而更适合水库群监测应用场景：在传感器硬件设备方面，需要进一步研发实现多种内外观监测传感器的全面集成；在采集软件方面，需要开发在智能终端中支持

GNSS 监测和多传感器数据采集处理的嵌入式软件；在监测方法和技术方面，需要研究构建区域 GNSS 监测基准站网并实现水库群组网监测，以及研究融合 GNSS 消除大气误差的 InSAR 高精度数据处理方法。

综合多种安全监测手段的大坝安全诊断技术方法需要不断深化。 水库群安全管理工作面临的主要难题是：如何通过充分的数据采集和资料整编，了解水库运行状态，识别水工设施风险源，并依据大坝具体情况和特点，建立大坝安全风险管控体系，使工程管理人员和上级管理部门及时掌握大坝的实际状态。建立大坝安全风险评价体系，实现水库坝体的健康诊断及安全预警。要想解决这个难题，应做到以下几点：首先，要研究大坝安全隐患排查工作的方法，比如坝下涵管隐患排查；其次，要研究综合多种安全监测手段，实现智能数据采集；最后，要研究水库群安全风险评价体系并建立智能预警方法。

2.4.3　建立高效、经济、动态的监测作业模式

目前，大多数中型以上水库的安全监测设施较为齐全，但小型水库仅有少量开展了极低标准的安全监测工作。在观测方式上，以人工监测的方式为主，自动化监测水平较低。人工监测作业的方式具有一定的局限性：人工作业观测周期长，观测效率低，无法实时连续观测，难以捕捉短周期内的剧烈变形，难以快速响应突发状况。而在特殊情况下，管理部门往往需要实时掌握目标状况。

在天气恶劣（如台风、暴雨等）的情况下，人工测量手段无法对目标进行有效的监测。大坝安全受到威胁往往伴随着洪水的出现，而洪水的发生往往是由于长时间降雨或突发暴雨等。在降雨等天气条件下，水准仪、全站仪等仪器设备由于受其内部的电器、光学特性限制而不能在大雨天气下开展正常的监测工作。

常规人工监测方法的局限性，使得其在关键时刻无法为管理方提供足够充分的信息，增加了管理决策的难度。在小型水库自身的管理技术力量相对薄弱的前提下，自动化监测等先进技术能更好地弥补管理短板。随着经济水平和人力资源成本的不断提升，无人值守的自动化监测必将成为未来的应用趋势。

水利信息化工作一再要求加快推动高新技术创新应用：开展新技术应用先行先试工作；推进水利卫星遥感应用，统筹卫星遥感、地面监测等方式，推动建立天地一体化水利监测综合体系；推进北斗卫星水利应用，落实国家北斗卫星发展战略，探索研究北斗卫星在水

库大坝、江河堤防等水利工程安全监测及国际河流水雨情、水环境等信息监测中的应用。

在渗流监测方面，基于低功耗物联网技术的自动化渗流监测正在逐步应用。以往的大坝渗流监测，需要开挖坝面埋设通信线缆、建造MCU房，建设工期长，安装成本高。近年来，随着低功耗物联网技术的发展，大坝渗流监测数据实现了低功耗无线采集，具有无需铺设电缆、部署方式灵活、成本费用低、防雷性能高等诸多优势。

在变形监测方面，综合GNSS技术和InSAR技术能实现高效精准监测。GNSS监测技术具有全天候、实时、连续、自动化监测的能力，可在夜间、台风暴雨期间正常观测，能够24小时连续不间断地获取大坝变形数据。星载InSAR技术具有大范围面状监测、非接触式测量等特点。两者融合开展变形监测，能实现高时间分辨率和高空间分辨率、普查性监测和重点在线监测的有机统一。

综合运用先进技术，建立高效、经济、动态监测的水务安全监测作业新模式，可以极大地提升水务安全管理能力和恶劣天气应对能力，是水务管理未来发展的必然趋势，也是当务之急。

第二篇
卫星：监测技术进步的驱动力

本篇集中介绍了卫星技术在当前的发展与应用，着重介绍了 InSAR 卫星和全球定位系统卫星技术在大坝监测中的应用以及编写团队在 GNSS 监测和 InSAR 监测技术方面的研究成果。

在 InSAR 监测技术方面：基于不同波段、不同分辨率的雷达卫星遥感影像，采用时间序列 InSAR 分析技术对水库大坝、库岸边坡、海堤等水务设施进行大范围高精度的动态监测，形成了一种信息化的变形监测新模式；研发了一种同时支持升降轨卫星观测的角反射器装置，能够有效地提高角反射器的使用效率；开发了拥有完全自主知识产权的快速 InSAR 数据处理软件（RapidSAR），并基于 GIS 开发工具搭建了 InSAR 数据分析和管理软件。

在 GNSS 监测技术方面：基于水利部公益性行业科研专项经费项目"GNSS 卫星实时监测水库群坝体变形技术研究"的研究成果，研制了适应土石坝变形监测工况的专用 GNSS 接收机；建立了针对大坝监测环境和 GNSS 星座特点的 GNSS 多路径误差改正模型；开发了具有毫米级监测精度的 GNSS 变形监测软件平台；总结了监测系统精度验证、基准站和监测站设计、实时无线数据传输等多项实用技术；提出了针对水库群的毫米级精度 GNSS 变形监测基准站网的构建方案及相应的数据处理方法；形成了全自动、全天候、高精度的水库群 GNSS 监测应用示范效应。

第3章　InSAR 监测技术

3.1　InSAR 变形监测

合成孔径雷达（Synthetic Aperture Radar，SAR）是一种主动式微波遥感传感器，它通过结合计算机技术和现代数字信号处理技术，能够实现距离向和方位向的高分辨率成像，且能够全天候、全天时地成像。

合成孔径雷达干涉测量（InSAR）是 SAR 的一个重要应用领域，可用于地形测量和变形监测。与其他测量技术相比，星载 InSAR 技术有以下优点：

（1）全天时全天候工作。星载合成孔径雷达是一种主动式传感器，通过采集地物对雷达发射的电磁波的后向散射信号，形成雷达影像。雷达所发射的微波信号能够穿透云层，因此其在夜晚、大雾、云和雨等条件下也能对目标进行变形监测，且具备长时间连续工作的能力。但是，在极恶劣天气条件下，相位信息受噪声影响较大，变形测量精度可能会降低。

（2）大范围监测能力。雷达影像的覆盖范围广，一般为几十千米至几百千米，空间分辨率最高可达到 1 m。以高分辨率雷达卫星 TerraSAR-X 为例，条带模式标准影像的覆盖范围为 30 km × 50 km，可用于提取 1500 km² 范围内建筑物的变形信息。针对水库坝体、海堤等水务设施具有分布散、范围广、形变周期长等特性，需要既能满足大范围区域监测的基本要求，又要具有足够的精度和快捷的速度来准确及时地发现可能出现灾害的重点区域。对地观测的卫星 InSAR 技术便可充分满足这一监测需求。

（3）近实时监测能力。随着雷达卫星平台的不断发展，雷达卫星的拍摄能力越来越强，每月能对重点监测区域进行数次数据采集。以 COSMO-SkyMed 雷达卫星为例，该系统由四颗卫星组成，且轨道设计合理，这一优势使得该系统在一个月内可对重点区域进行数次拍摄，最短时间间隔可达 1 天，影像获取的时间点非常灵活。高重访周期与大影像覆盖面积，使得该系统能够高效地为水务设施变形监测提供雷达数据支持。此外，目前国际上雷达卫星平台逐渐丰富，较为成熟的有 TerraSAR-X 和 TanDEM-X 双星系统、COSMO-SkyMed 四星座系统、ALOS-2 卫星以及 Sentinel-1A 和 Sentinel-1B 双星系统等。这些卫星平台的联合使用可以极大地扩大雷达卫星对地面目标的监测范围，提高监测频率。

（4）非接触式测量。InSAR 在变形监测过程中不需要预设地面监测标志，因此特别适合监测大坝、边坡、海堤、填海区等大范围分布的目标。同时，InSAR 技术无需地面设施部署，可极大地减少人力成本和降低测量工作的危险系数。

综上所述，InSAR 技术在测量频率、测量尺度与测量精度上能够较好满足水库及其附属设施变形监测的普查要求，能为整体区域及单体建（构）筑目标的安全监测提供技术手段。

3.2　InSAR 技术发展现状

3.2.1　SAR 卫星现状及发展趋势

SAR 卫星的发展经历了孕育期（1970—1990 年）、成长期（1990—2000 年）和蓬勃期（2000 年至今）。随着空间技术的发展，各国也相继发射卫星，星载 InSAR 成为空间对地观测的重要手段[7]。

近年来，由于具备全天时、全天候、高频率监测能力，星载 InSAR 技术得到了迅猛的发展。不同波段、空间分辨率、极化方式的雷达卫星相继发射升空，为雷达测量相关技术的发展提供了可靠的数据源。图 3-1 为已退役及正在运行的 SAR 卫星。

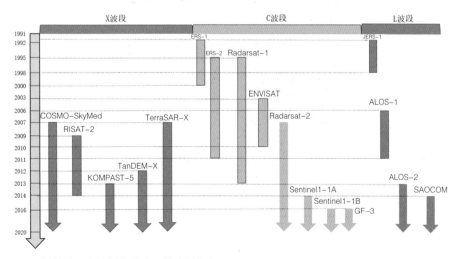

图 3-1　已退役及正在运行的雷达卫星时间分布

1991 年至 2003 年期间，欧洲空间局（European Space Agency，ESA）相继发射了 C 波段的雷达卫星 ERS-1、ERS-2 和 ENVISAT，这些卫星提供的可靠雷达影像促进了雷达干涉测量技术的发展。图 3-2 为目前在轨运行的 C 波段卫星有加拿大的 Radarsat-2 卫星和欧洲空间局的 Sentinel-1A/B 双星，在影像分辨率、重复观测周期和轨道控制方面均有了较大改进。此外，Sentinel-1A/B 双星可为世界上不同国家的用户提供免费的雷达影像，推动了 InSAR 技术在民用方面取得长足进步。日本 L 波段雷达卫星 JERS-1 和 ALOS-1 分别于 1992 年和 2006 年发射升空，已在植被区、大尺度变形区域的监测方面做出了重要贡献。ALOS-2 卫星和阿根廷的 SAOCOM 双星座雷达卫星将会在 L 波段监测方面持续发挥作用。德国宇航局的 TerraSAR-X 和 TanDEM-X 星座、意大利的 COSMO-SkyMed 星座为代表的 X 波段雷达卫星在城市变化、山体滑坡、地壳运动等高精度监测方面发挥了重要作用。TerraSAR-X 和 TanDEM-X 组成的双天线接收模式（Bistatic）已成功获取了高分辨率的全球 DEM 数据，将会对高精度的地表变形测量产生重要的推动作用。意大利空间局 COSMO-SkyMed 星座共有 4 颗卫星，分别发射于 2007 年 6 月、2007 年 12 月、2008 年和 2010 年 10 月。每颗卫星都配有 X 波段、多模式、多极化、双侧观测模式的传感系统，其天线为移动相控阵天线。COSMO-SkeMed 星座在短重复观测周期方面更具优势。

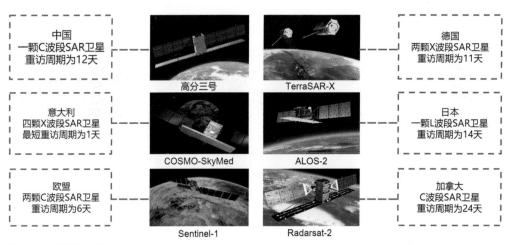

图 3-2　当前常用的 SAR 卫星

　　随着 SAR 技术的不断发展和完善，新材料新工艺逐步应用，星载 SAR 系统正朝着多观测模式、多极化、小型化、星座观测模式发展。

未来几年，多个国家的合成孔径雷达卫星将会发射升空，空间分辨率和重复周期会进一步提升，观测模式和极化方式会更加丰富，这将极大地提高其在地质灾害方面的调查、监测与预警能力。SAR 卫星系统的设计将会针对不同的研究领域而进行规划，例如，欧洲空间局计划在 2022 年发射的 P 波段 BIOMASS 卫星，是为森林树高测绘和生物量反演而设计；德国航天局预计在 2022 年发射的 L 波段 TanDEM-L 卫星，则主要针对全球陆表动态变化监测而设计。

地球同步轨道合成孔径雷达即高轨 SAR（GEO SAR），是一种新型的星载 SAR。高轨 SAR 运行轨道高，成像范围大，时间分辨率高，可达到小时级的时间分辨率，结合 SAR 卫星的高穿透能力，可以实现全天时、全天候、大范围、高分辨率和中等空间分辨率的对地观测。应对自然灾害范围广、危害大的特点，其获取具有时效性的信息的能力意义重大，因此高轨 SAR 在灾害防治中极具应用潜力，也是今后 SAR 发展的一大热点[8]。

相比大型卫星，小型卫星具有反应快速、可靠性高、建设周期短、投资风险小等优点，轻小型的卫星成为研究热点[9]，例如芬兰 ICEYE 卫星、日本 ASNARO、德国 SAR_Lupe 卫星、以色列 TecSAR 等。其中，芬兰 ICEYE 卫星星座未来可实现对同一地区小时级的重访。图 3-3 为芬兰 ICEYE 卫星星座分布示意图及其用于洪涝灾害的监测案例。

图 3-3　芬兰 ICEYE 卫星星座分布示意及其用于洪涝灾害的监测案例（摘自 ICEYE 官网）

3.2.2　InSAR 监测行业应用现状

InSAR 监测行业应用随着 SAR 卫星数量的增加、InSAR 技术的成熟完善以及计算机技术的升级而不断发展。目前 InSAR 监测行业应用主要有：高精度 DEM 生成、地质灾害 InSAR 变形观测、矿区沉降监测、水库大坝变形监测、城市沉降监测、地震火山监测等。下面以大坝变形监测、城市填海区沉降监测以及地质灾害监测为例进行详述。

大坝是水库的主要水工设施。为保障大坝的安全运行，有必要开展大坝安全监测工作，通过分析监测数据掌握大坝的变化规律和实际工作状态，当异常情况或不利发展态势发生时可及时察觉并采取相应的补救措施，从而防止大坝从量变破坏发展到质变破坏，避免重大事故的发生。InSAR 技术在测量频率、测量尺度与测量精度上能够较好地满足水库坝体变形监测的要求。目前 InSAR 技术已充分证明了自身在大坝安全监测预警的可行性。本书作者团队研究了老挝 Xe-Namnoy 水库大坝 InSAR 变形趋势，结果表明在溃坝前夕出现了明显异常变形加速；而巴西淡水河谷有限公司的多次溃坝事故中，InSAR 监测也成功发现尾矿坝垮塌前的异常变形征兆。

沿海城市的发展带来了填海工程的兴起，随之而来的地面沉降问题也逐渐凸显出来。InSAR 技术通过对同一地区的多景 SAR 影像进行干涉处理，可获取大范围、高精度的地表三维信息和变化信息，非常适用于城市填海区的地面沉降和安全分析。如今国内不少大城市如厦门、深圳、香港等均开始重视 InSAR 技术在填海区监测的实际应用，并逐步开展 InSAR 填海区地面沉降监测。

地震之后山体失稳事件频繁发生，表现出明显的地震地质灾害后效应。虽然传统的监测手段对斜坡体的变形情况有较好的观测，但工作量大且无法大范围监测。InSAR 技术有效克服了传统监测手段的不足，为防灾减灾事业做出了突出贡献，特别是为"高位隐蔽性"滑坡探测提供了一种有效手段[10]。国内四川、重庆、贵州、西藏等高海拔地区的 InSAR 滑坡体识别和隐患排查正在紧锣密鼓地开展中。

目前很多新兴 InSAR 商业公司也随着 InSAR 技术的成长而兴起，不少光学遥感和其他领域的公司也开始开展 SAR、InSAR 仪器及技术的研究。

在国外，创建于 2009 年的荷兰 SkyGeo 公司储备了大量 SAR 卫星数据，并在能源、公共基础设施、土木工程等三大应用领域拥有广大用户；澳大利亚 GroundProbe 公司利用其研发的边坡稳定雷达，提供监测矿业、基础设施安全的 SSR-Viewer 软件服务及完整的 InSAR 解决方案；芬兰的 ICEYE 公司计划与 SpaceX 公司合作，发射并组建商用 SAR 卫星群；美国 Planet Labs 公司也在全力开展小型 SAR 成像卫星的研究，并计划构建类似于 Planet Labs 光学遥感卫星群的 SAR 遥感卫星群。

在国内也有一系列公司开展 InSAR 监测数据和软件服务,目前,InSAR 监测行业应用正迈入商业化阶段,在未来市场的发展前景大有可为。

3.3　InSAR 监测数据处理

3.3.1　InSAR 技术

InSAR 技术是利用具有振幅和相位信息的复数影像,提取地面三维信息的一项技术,最早出现于 20 世纪 60 年代。InSAR 干涉测量的概念最初是 1974 年格林汉姆(Graham)正式提出的,利用干涉技术提取地形图。1978 年美国发射了世界首颗 SAR 卫星 Seasat-A[11],开启了 SAR 探索的大门。

InSAR 技术主要是利用同一地区的两幅 SAR 影像进行干涉处理获取地表高程。1986年,泽伯克(Zebker)、戈尔茨坦(Goldstein)等利用机载雷达系统,采用 InSAR 技术提取了美国旧金山湾区的部分地形图,与美国地质调查局的数据一致[12]。随着雷达卫星影像的不断增加,InSAR 相关的理论和方法也趋于成熟,陆续出现了 D-InSAR、PS-InSAR、DS-InSAR 等相关技术,应用范围也逐渐扩大。

3.3.2　差分干涉测量技术(D-InSAR)

差分干涉测量技术(D-InSAR)是在 InSAR 技术基础上发展起来的,利用多幅复数影像的相位信息,提取地表微小变形。1989 年,加布里埃尔(Gabriel)等用 Seasat 数据对美国加利福尼亚河谷地带灌溉区进行干涉处理,论证了 D-InSAR 具有厘米级探测地表变形的能力。

雷达置于卫星上,对目标场景进行照射。在两次观测时间段内,如果目标点位置发生移动,其对应的雷达信号相位数据同样会产生变化。对于 X 波段的雷达卫星 TerraSAR-X 和 COSMO-SkyMed,其相位变化值 2π,对应目标点发生半个波长(1.56 cm)的变形量。

由于 D-InSAR 存在时空失相干及受大气噪声的影响较大,其精度受到限制。为了克服 D-InSAR 技术的不足,在 D-InSAR 基础上发展起来的时间序列 InSAR 成为近年来研究的热点。

3.3.3 永久散射体干涉测量技术（PS-InSAR）

大量的地物目标在一定时间后会因物理或几何属性的变化而降低相干性，导致其差分相位无法准确反映目标在雷达视线向的变形信息。另外，大气折射对微波信号的延迟效应也限制了 InSAR 技术的测量精度。近十几年来，随着 SAR 影像数量的不断积累和空间分辨率的不断提高，以永久散射体干涉测量技术（Persistent Scatterers InSAR，PS-InSAR）为首的时序分析技术成为雷达影像干涉测量领域的主流。

2000 年，亚历山德罗·菲尔蒂（Alessandro Ferretti）等人首次提出了 PS-InSAR。该技术克服了临界基线的失相干因素，在长时间 InSAR 干涉图中也能够提取到稳定的干涉点，提高了干涉测量的精度，并成功应用于美国加利福尼亚州波莫纳，揭示了其地表沉降规律，提出了大气相位贡献和测量非线性变形的新方法[13]，并在 2001 年提出了永久散射体识别的完整方法，利用 ERS 数据在意大利安科纳的一个滑动区成功将大气相位屏去除，实现了亚米级 DEM 精度和毫米级地表位移监测[14]，具有里程碑式的意义。

PS-InSAR 技术利用多景覆盖同一地区的影像，通过分析像素点的后向散射强度序列来判别并提取在长时间间隔内保持稳定的像元，基于这些点目标构成稀疏网格并利用时序相位来计算变形速率和 DEM 误差参数，基于时空滤波方法求得每幅 SAR 影像对应的大气相位，最终分离出 PS 点的变形相位。

3.3.4 小基线子集技术（SBAS-InSAR）

PS-InSAR 技术通常假设点目标雷达幅度特征服从正态分布，不符合该类型分布的像元点会被舍弃，导致了该技术在实际应用中存在一定的局限性。针对上述问题，2002 年，贝拉迪诺（P. Berardino）提出了一种新的时序干涉测量算法——小基线子集技术（Small Baseline Subset，SBAS），通过采取降低选取 PS 点要求的策略和新的时空滤波手段，提升监测点的空间密度[15]。2008 年，安德鲁·胡珀（Andrew Hooper）提出了 PS-InSAR 和 SBAS-InSAR 相结合的方法，提高了 PS 点的数量，比各自单独使用这两种方法具有更高的信噪比[16]。

不过，上述方法通常需要对干涉图进行视处理，这在一定程度上降低了 InSAR 监测的空间分辨率。另外，为了降低干涉图的相位噪声，通常需要对干涉图进行空间均值滤波或 Goldstein 滤波处理，同样损失了干涉图的分辨率。

3.3.5　同分布散射体干涉测量技术（DS-InSAR）

PS-InSAR 技术关注的重点在于能够在长时间序列中保持高相干的点目标，而忽略了同分布目标雷达信号的提取，这在一定程度上限制了 InSAR 技术的应用范围，尤其在同分布目标占主导地位的植被或裸地区域。

考虑到雷达信号的相干斑噪声和同类型地物雷达散射分布相近的特点，2011 年，菲尔蒂等提出了基于同分布目标的相位信息提取方法。该方法利用同分布检验算法来提取窗口中后向散射特性相近的同分布目标点（Distributed Scatterers，DS），之后利用极大似然估计方法获取同分布目标的时序相位 [17]。

DS 是指在雷达分辨率单元内没有任何散射体的后向散射能够占据统治地位的点目标。由于地表特征如稀疏植被、裸地、水泥等均为同分布散射机制，DS 目标在雷达成像场景中一般占据主导地位，因而采用 DS 点增加观测量是提高 InSAR 变形产品空间分辨率的有效途径之一。

3.3.6　临时相干散射体干涉测量技术（TCS-InSAR）

水库库岸边坡在短时间内的快速移动、水工程的表面施工、水库背水面草地的快速生长等均可能导致干涉图在某个时间段内出现失相干现象。但是现有的永久散射体和同分布散射体干涉测量技术，主要利用在整个观测期内相干性保持较高或在短时间观测期内相干性保持较高且保持连续的像元点，对于仅在部分时间段内保持相干性的散射体则无法获取有效的监测结果。

针对上述问题，本书编写团队提出了临时相干散射体干涉测量方法（Temporarily Coherent Scatterers InSAR，TCS-InSAR）。首先基于相干系数矩阵进行临时相干目标点的识别，然后将部分相干时间段对应的子相干系数矩阵进行提取，并采用相位反演技术获取相干时间段内的相位序列，进行相位解缠和参数估计。该技术适用于变形速率过大的滑坡体以及受植被或施工干扰影响的监测对象的变形分析。

PS、DS、TCS-InSAR 技术数据处理流程如图 3-4 所示，图中红框标注的流程对应 TCS- InSAR 独有的数据处理过程。

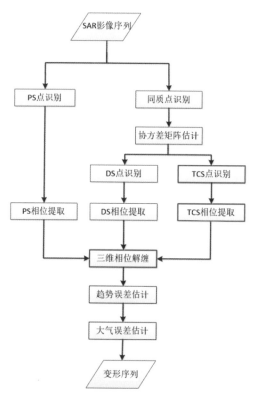

图 3-4 PS、DS、TCS-InSAR 技术数据处理流程

1）临时相干散射体识别

监测对象变形速率过快或地表剧烈变化会使干涉图出现失相干现象，导致像素点仅在部分时间段内具有相干性，该类像素点便是临时相干散射体。同分布散射体和临时相干散射体的相干性矩阵如图 3-5 所示。基于获取的高精度相干性矩阵数据，通过设定相干性阈值便可实现 TCS 像素点的识别以及相干时间段的提取。

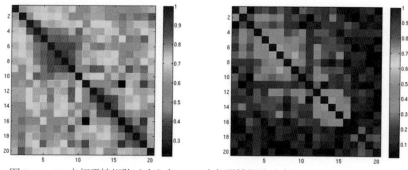

图 3-5 DS 点相干性矩阵（左）与 TCS 点相干性矩阵（右）

2）临时相干散射体相位提取

根据 TCS 像素点对应的相干时间段进行协方差矩阵的提取，对所有相干时间段采用极大似然估计方法实现时序相位的提取。

3）临时相干散射体相位解缠

将临时相干散射体与周边的 PS 点或 DS 点进行连接，并计算对应的弧段相位，然后对弧段相位的相干时间段部分进行相位解缠，相位解缠方法采用时间 – 空间相位解缠的策略。TCS 点与周边 PS 点或 DS 点的连接策略如图 3-6 所示，基于 PS 点和 DS 点建立三角网，根据 TCS 点在三角网内的分布情况，与周边临近的 PS 点或 DS 点形成弧段。

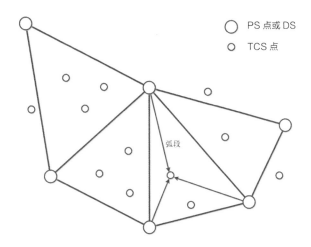

图 3-6　临时相干散射体与周边散射体连接策略

3.3.7　数据处理技术小结

星载 InSAR 由于具有全天候、大范围、高精度、无接触观测等优势，已迅速成为重要的对地观测技术。然而，时间失相干、空间失相干以及大气效应等因素严重影响了 InSAR 结果的可靠性。为克服上述不足，国内外研究学者陆续研发了 PS-InSAR、SBAS-InSAR、DS-InSAR、TCS-InSAR 等系列高精度数据处理算法[18-34]。InSAR 数据处理算法的不断更新与改进以及处理技术的多元化，使得 InSAR 解译变得越来越简单，监测结果越来越可靠。未来将会有更多的数据处理技术，InSAR 技术的应用领域将会得到进一步拓展，在工程应用领域 InSAR 技术拥有良好的发展前景。

随着高分辨率 SAR 卫星技术的发展以及 InSAR 数据处理技术的成熟，InSAR 技术应用领域已逐渐由城市地面沉降、地震火山监测等大范围地质灾害监测，扩展至水库大坝、铁塔、桥梁、大型机场、铁路等人工建构物的精细化变形监测。

3.3.8 InSAR 变形监测工作流程

InSAR 变形监测工作流程如图 3-7 所示，包括前期工作、InSAR 数据处理、监测结果整理与分析三个部分。

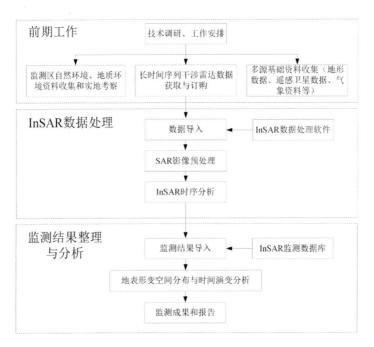

图 3-7 InSAR 变形监测工作流程

1） 前期工作

前期工作包括监测区自然环境、地质环境资料收集和实地考察，长时间序列干涉雷达数据获取与订购，多源基础资料收集三个部分。

（1）监测区自然环境、地质环境资料收集和实地考察：收集监测区域的环境、地质等资料；对监测区域现状进行调查；对监测设施的变形现状进行全面摸底，拍摄监测区域现状照片作为辅助变形分析资料。

（2）长时间序列干涉雷达数据获取与订购：项目实施时，综合分析存档 SAR 数据，根据需要编程订购 SAR 数据，并确定数据类型、覆盖范围和数据周期等。

（3）多源基础资料收集：收集监测区域的数字地形图，并制作数字高程模型，用于雷达影像的数据处理；收集监测区域的地形图、光学影像图、专题图等资料，作为工作底图；收集卫星拍摄期间监测区域的气象数据，用于辅助雷达影像的时序分析。

2）InSAR 数据处理

InSAR 数据处理流程如图3-8所示，具体包括数据预处理、InSAR 时序分析两个部分。

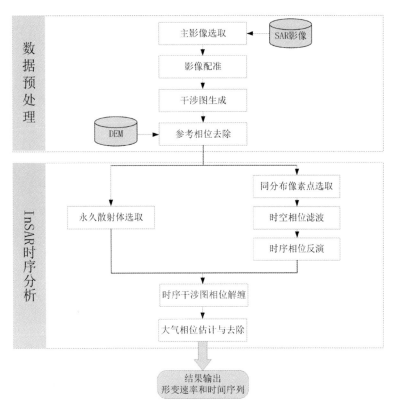

图 3-8　InSAR 数据处理流程

（1）SAR 数据预处理：主要包括主影像选取、影像配准、干涉图生成、系统相位去除四个部分。

InSAR 数据集的质量评价参数通常为时间相关性、空间相关性和多普勒中心频率偏移相关性。项目中根据 InSAR 数据集的时空基线和多普勒中心偏移等参数来选取主影像。

SAR 图像配准是把同一地面点在两幅 SAR 图像上的对应点几何对齐，计算辅影像相对于主影像的偏移量。配准过程经过粗配准、精配准和多项式拟合等步骤。配准后需要将辅影像相对于主影像进行重新采样，从而使得主、辅影像中对应的同名点完全一致。

系统相位主要包括平地相位、地形相位、大气相位等，大气相位的去除通常在 InSAR 时序分析中进行，本步骤主要对平地相位和地形相位进行处理。平地相位可以利用主辅影像的轨道以及参考椭球面参数计算得到。地形相位的大小由垂直基线和地面高程来决定。项目中主要利用地形图数字化之后的 DEM 数据对地形相位进行削弱。

（2）InSAR 时序分析：主要包括 PS 点和 DS 点选取、时空同质滤波、时序干涉图反演、时序干涉图相位解缠、大气相位估计与去除、变形速率和序列输出六个部分。

通常情况下，PS 点像元内存在一个后向散射强度占有主导地位的散射体，其雷达回波强度基本取决于该散射体。经过统计验证，在 SAR 影像数量充足（大于或等于 20）的情况下，高相干像素点的振幅离差指数可作为永久散射体像素点的提取依据。该方法以像素点的时序振幅的离差作为高相干点的判断标准，振幅离差的公式可表示为：

$$D_a = \frac{\sigma_a}{\mu_a} \qquad （3-1）$$

式中，σ_a 为振幅序列的标准差，μ_a 为振幅序列的平均值。PS 点选取流程如图 3-8 所示。对于 DS 点选取，可采用 SAR 强度序列的非参数同分布检验的方法。其中，较为流行的有非参数同分布检验（KS 检验）、安德森－达林检验（AD 检验）等。考虑到 KS 检验简单有效的特点，通常使用该方法开展同分布目标提取工作。

DS 点易受到时空失相干的影响而降低相干性，其干涉相位含有较大的相位噪声，不能准确反演地形和形变速率等参数。考虑到 DS 点的同分布特性，可基于 DS 点开展时空同质滤波（NonLocal 滤波），以提高 DS 点相位的信噪比。时空同质滤波首先为基于窗口中像素点的强度序列进行 KS 检验，提取与中心像素点散射分布相近的像素点，并根据同分布像素点的图像子块与中心点图像子块的相似度来计算同分布像素点的权重，最后对同分布目标点的相位值进行加权平均即可获取中心像素点的相位估值。

干涉图中像素点的相位是缠绕的，无法直接用于形变参数和序列的反演，需要将其与参考点进行连接。较为流行的网络构建方法有星点图法、Delaunay 三角网法和自由连接网络法。其中，Delaunay 三角网法简单实用，能够兼顾计算精度和运算效率两个方面。考虑到邻近目标点差分建模能够有效地减弱大气相位的影响，通常将连接距离限制在 1 km 以内。

在一定距离范围（小于或等于 1 km）内，相干目标点的大气相位具有较高的相关性。相邻目标点 m 和 n 的相位差可表示为：

$$\Delta\Phi_K^{mn} = \frac{4\pi}{\lambda R\sin\theta}B_\perp^K \Delta h_{mn} + \frac{4\pi\cos\theta}{\lambda}T^K \Delta v_{mn} + \Delta\Phi_{res_K}^{mn} \qquad (3-2)$$

式中，Δh_{mn} 为相邻目标点高程值之差，Δv_{mn} 为线性变形速率之差。传统的 PS-InSAR 技术中，通常采用最大化时间相干系数的方法来求取变形速率和高程残差。当时间相干系数大于设定的阈值时，该像元点即被认定为有效监测点。以参考点为起始点，并对变形速率差和高程差进行积分，最终求得所有监测点的线性变形速率和高程。

通过上述运算，可以获取以大气相位、非线性变形相位及相位噪声为主要成分的残余相位。上述三种相位成分在 SAR 影像的时域和空域表现出不同程度的相关性，可通过融合时域和空间滤波的方法来分离不同的相位成分。对获取的 PS 点的大气相位进行克里金法（Kriging）插值并将其从差分干涉图中去除，然后重新对 PS 候选点的感兴趣参数进行估计。

3）监测结果整理与分析

监测结果整理与分析包括 InSAR 结果导入、InSAR 结果空间分布和时间演变分析、监测结果生成三个部分。

（1）InSAR 结果导入：主要内容包括 InSAR 监测结果格式的设定，并将 InSAR 监测成果的坐标系统进行转换，以达到与其他数据（光学影像、地形数据等）融合的目的。

（2）InSAR 结果空间分布和时间演变分析：基于数据库平台的 InSAR 结果分析主要功能为对 InSAR 结果的空间和时间变形信号进行识别，确认研究区变形较为严重的区域。

（3）监测结果生成：结合 InSAR 变形分析结果和其他基础资料信息，对水务基础设施的变形量进行研究和分析，并提供监测结果。

3.4　土石坝表面散射特性研究

3.4.1　土石坝表面雷达成像几何分析

土石坝的建造根据地形地貌进行相应调整，以便节省工程量并且选取最佳地质构造区域作为大坝的基础，这些因素使得土石坝的设计样式存在多种可能性。通常而言，土石坝结构体主要由坝顶平面、迎水面及背水面的两个斜坡面构成，可以将其近似看成一个三棱柱。通常坝体的迎水面和背水面的坡度设计了梯度的变化，这主要考虑了坝体底部的地质条件、受力特性以及经济性等多方面因素。不失一般性，在讨论土石坝体表面雷达透视收缩、叠掩和阴影等理论问题时，本节以南方某市 A 水库的一个坝体为例，其坡度角约为 20°的近似三棱柱（顶角被截平），这里推导了其坝体坡面的雷达本地入射角与坝体坡度和坝体水平方位角之间的几何关系[35]。

先来看近似成三棱柱的情况。图 3-9 为中小型土石坝的横断面图，左边坡度角为 α，

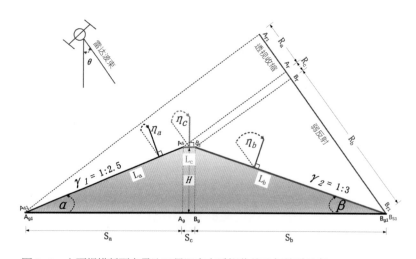

图 3-9　土石坝横断面在雷达卫星距离向透视收缩几何关系示意

右边坡度角为 β，θ 为雷达卫星的视角，H 为坝体高度，γ_i 为坡度比，η_i 为雷达波与地表物体作用后的本地入射角。η_a，η_b，η_c 为坝体三个表面上的本地入射角。

当数值较小的时候，坝顶平面的本地入射角 η_c 与雷达卫星的视角 θ 可以认为近似相同，这是因为本地入射角的计算需要考虑卫星的高度、地球的曲率以及成像中心与卫星星下点的距离等因素。但是通常 SAR 数据供应商在其数据产品中会将精确的椭球面上雷达本地入射角 η_c 提供给用户。

土石坝设计中通常用坡度比 γ 来标注坡体的陡峭程度，以图 3-9 中雷达近距坡面 L_a 为例，其坡度比 γ_1 的计算公式如下：

$$\gamma_1 = \tan \alpha = \frac{H}{S_a} \tag{3-3}$$

式中，H 为坝高，S_a 为图 3-9 中坝底水平线上点 A_{g1} 至点 A_g 的距离。

图 3-9 中定义了雷达近距坡面上的本地入射角为 η_a，雷达远距坡面上的本地入射角为 η_b，其计算公式如下：

$$\begin{aligned} \eta_a &= \eta_c - \alpha \\ \eta_b &= \eta_c + \beta \end{aligned} \tag{3-4}$$

式中，η_c 为雷达卫星在拍摄影像区域椭球面高度为 0 时的本地入射角，α、β 为坡度角。雷达近距坡面受到透视收缩的影响，在雷达影像空间受到压缩，雷达远距坡面在雷达影像空间得到了扩展（相对于平距而言）。

坝体上部三个面的横截面长度 L_a，L_b，L_c 在雷达影像中投影长度与本地入射角的关系如图 3-9 所示，对应的计算公式如下：

$$\begin{aligned} R_a &= L_a \times \sin(\eta_a) \\ R_b &= L_b \times \sin(\eta_b) \\ R_c &= S_c \times \sin(\eta_c) \end{aligned} \tag{3-5}$$

式中，R_a 为雷达近距坡面 L_a 在雷达视线上的投影，R_b 为雷达远距坡面 L_b 在雷达视线上的投影。

图 3-10 以 A 水库某号坝 235 m 断面为例示意了雷达影像中坡面的透视收缩前后的变化。表 3-1 中详细列出了坝体截面不同部位的几何收缩变化结果。

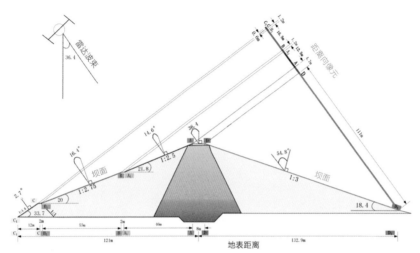

图 3-10　A 水库某号坝体 0+235 m 断面雷达距离向透视收缩几何关系

表 3-1　坝体横断面雷达视线方向透视收缩计算

坡面名称	截面长度（m）	坡度比	坡度角		本地入射角	平距（m）	雷达近距、远距
A-D	8	—	0	36.4°	8°	4.7	近距
A-A1	49.5	1：2.5	21.8°	14.6°	46°	12.5	近距
B-B1	58.5	1：2.8	20°	16.4°	55°	16.5	近距
C-C1	14.4	1：1.5	33.7°	2.7°	12°	0.6	近距
D-D1	140.1	1：3	18.4°	54.8°	132.9°	111	远距
B-A1	2	—	0	36.4°	2°	1.2	近距

坝体的雷达近距面上本地入射角变小，产生了透视收缩，上半部分坡面的坡度比为 1 ：2.5，平距为 46 m，雷达影像中的投影为 12.5 m。下半部分坡面的坡度比为 1 ：2.75，平距为 55 m，雷达影像中的投影为 16.5 m。坝体上 2 m 宽的人行道，在雷达影像的投影为 1.2 m。坡脚堆石体的坡度比为 1 ：1.5，坡面平距约 12 m，在雷达影像中只有 0.6 m。雷达远距面与卫星的视线方向顺同，本地入射角增大，其平距为 128.9 m，雷达影像中的投影为 111 m。

表 3-1 为坝体横断面与雷达飞行方向平行的计算分析结果，但是通常坝体的实际走向与雷达卫星的飞行方向存在一定的夹角，恰如金字塔的四棱锥面也会因为雷达升降轨视角的变化，在雷达影像空间投影发生畸变。这实际上需要考虑建筑物 3D 结构与雷达视线的成像条件，这方面的理论和文献很多，侧重于分析复杂结构的建筑物所产生的二面反射以及多次散射等。土石坝作为一个近似三棱体，只有两个平面可以被雷达卫星观测到，其表面的散射几何特征推导可大大简化。

图 3-11 中 ϕ 为坝体横断面与卫星飞行方向的夹角，ω 为近距坡度角 α 在雷达距离向视线方向的坡度角，ψ 为远距坡度角 β 在雷达距离向视线方向的坡度角。

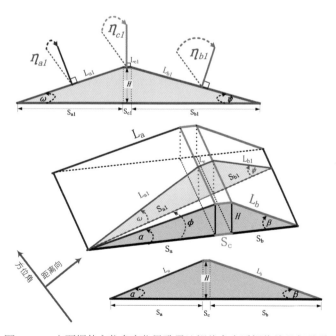

图 3-11　土石坝体方位角变化导致雷达视线方向透视收缩几何关系

$$\omega = \tan\left(\frac{H}{S_{a1}}\right) = \tan\left(\frac{H}{S_a} \times \cos\phi\right)$$
$$\psi = \tan\left(\frac{H}{S_{b1}}\right) = \tan\left(\frac{H}{S_b} \times \cos\phi\right)$$

（3-6）

由于坝体走向发生变化，也使得坝体近距坡面、坝顶平面和远距坡面在雷达距离向的长度发生变化，具体的计算公式如下：

$$L_{a1} = L_a / \cos\phi$$
$$L_{b1} = L_b / \cos\phi$$
$$L_c = S_c / \cos\phi$$

（3-7）

因此，当坝体轴线方向与雷达卫星飞行方向存在夹角 ϕ 时，近距坡面的本地入射角为 η_{a1}，远距坡面的本地入射角为 η_{b1}，如下式：

$$\eta_{a1} = \eta_c - \omega$$
$$\eta_{b1} = \eta_c + \psi$$

（3-8）

特别的，当坝体轴线方向与雷达视线方向平行时，ω 和 ψ 将趋向于 0，而坝体坡面上的本地入射角都将变为 η_c。

3.4.2　土石坝表面垂向变形在雷达视线向投影

通常而言，土石坝表面垂向变形监测是依靠坝体表面观测墩上的水准测量来实现的。新建土石坝在蓄水前，主要为自重引起的收缩，此阶段的变形主要为垂向的下沉，如图3-12所示。雷达卫星的成像机制决定了其只能获取视线向的地物表面相位变化，因此，传统测量手段监测到的坝体表面垂向变形需要转换为平面法线方向的变形，同时需要考虑本地入射角，才能获得雷达视线向的位移量。

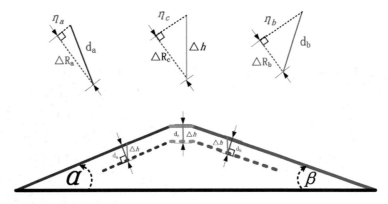

图 3-12　大坝垂直位移分量在雷达视线上的投影示意

由图 3-12 可知，坝体表面传统观测获取的垂直位移 $\triangle h$，在雷达视线方面的分量 $\triangle R_a$，$\triangle R_b$，$\triangle R_c$ 的计算公式如下：

$$
\begin{aligned}
\triangle R_a &= d_a \times \cos \eta_a = \triangle h \times \cos \alpha \times \cos \eta_a \\
\triangle R_b &= d_b \times \cos \eta_b = \triangle h \times \cos \beta \times \cos \eta_b \\
\triangle R_c &= \triangle h \times \cos \eta_c
\end{aligned}
\tag{3-9}
$$

式中，$\triangle h$ 为大坝的垂向位移，d_a、d_b 为近距坡面和远距坡面的法线向变形，$\triangle R_a$、$\triangle R_b$、$\triangle R_c$ 为雷达视线向的变形量。

可知，坡面角度与本地入射角对视线向的位移变化有较大影响。由于坝体横截面与卫星距离向保持一致是特殊的情况，通常情况下，还要考虑坝体轴线夹角 ϕ 对坡面上本地入射角的影响，参考式 3-8 进行修正。特别的，当坝体轴线方向与雷达视线方向平行时，ω 和 ψ 将趋向于 0，则有 $\triangle R_a = \triangle R_b = \triangle R_c$。

3.4.3　实验坝体地理位置及概况

A 水库工程是在原 3 座水库的基础上扩建而成的，水库正常水位面积为 6 km²，集雨区面积为 11.7 km²。工程由 6 座大坝、溢洪道、放水隧洞等组成，坝体总长为 4.34 km，最大坝高为 50.7 m。其中 4 号坝高度最高，为黏土心墙坝，依据地形的起伏而建，最大坝高为 50.7 m，坝顶长度为 1121 m。

A 水库地理范围和坝体分布情况如图 3-13 所示，底图为谷歌地图 2016 年 12 月光学影像，处于坝体建设完成期。

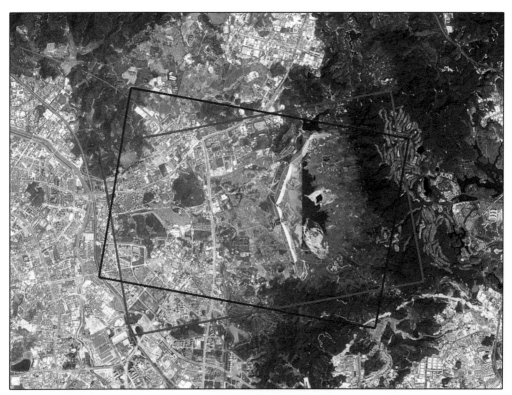

图 3-13 A 水库概况

A 水库 Google Earth 影像，红色和蓝色矩形框分别为升轨和降轨 TerraSAR-X 影像的覆盖范围，红色和蓝色箭头分别为升、降雷达卫星的视线方向。

3.4.4 聚束模式雷达影像差分干涉处理与结果分析

1） 聚束模式雷达卫星数据

收集了覆盖试验区聚束模式的 X 波段 SAR 影像，其中 5 景升轨（方位角 349.8°）入射角为 36.4°，5 景降轨（方位角 190.1°）入射角为 39.2°，影像距离向分辨率 0.45 m，方位向分辨率 0.86 m。具体参数指标见表 3-2。

表 3-2　TerraSAR-X 卫星升降轨影像主要成像参数

卫星	TerraSAR-X	TerraSAR-X
拍摄模式	聚束模式	聚束模式
运行轨道	升轨	降轨
波长	3.12 cm	3.12 cm
极化方式	VV	VV
数据集	5	5
时间段	2017 年 02 月 27 日—2017 年 10 月 05 日	2017 年 06 月 16 日—2017 年 12 月 31 日
方位角	349.8°	190.1°
入射角	36.4°	39.2°
距离向分辨率	0.45 m	0.45 m
方位向分辨率	0.86 m	0.86 m
数据采集时间（本地）	18:26 pm	6:22am +1 天

2）Spotlight 影像中土石坝表面雷达散射特性分析

在干旱地区，如埃及的金字塔、伊朗的 Masjed-Soletman 土石坝都位于干旱少雨地区，且表面为风化的花岗岩，雷达信号相位的相干性可保持多年稳定。但是 A 水库地处多云多雨的低纬度地区，坝体表面地物有其自身独特的雷达散射特性。

A 水库土石坝表面地物主要有迎水面混凝土面板、坝顶公路，以及背水面草坡、堆石护坡、台阶和排水沟等，图 3-14 对比了土石坝表面附属物在升降轨影像中的散射亮度特征与几何投影特性。这些地物对雷达信号的散射符合瑞利散射特性，主要为漫反射、镜面反射和二面角反射，原理如图 3-15 所示，其中堆石坡、草坡和混凝土面板坡体平面正对雷达视线方向时主要体现为漫反射，强度最强。坝体迎水面铺设的水泥面板、坝顶公路，以及坝体背水面的铺砖人行道表面都比较光滑，在雷达影像上都体现为镜面反射。特别的是，坝体挡水墙在合适的角度可产生二面角反射。

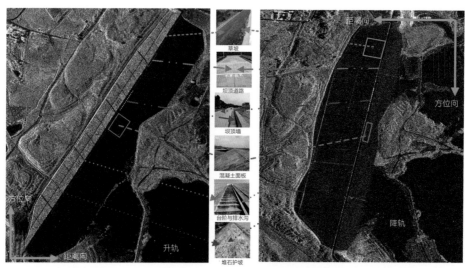

图 3-14　升降轨影像中 4 号土石坝表面典型地物散射特征及透视收缩示意

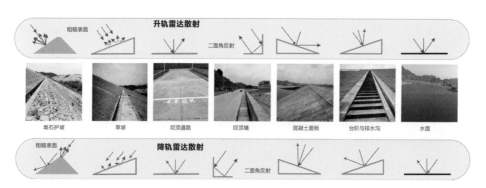

图 3-15　土石坝表面典型地物散射特征示意

　　尽管 TerraSAR-X 卫星的雷达波长只有 3.1 cm，但是土石坝简单的几何平面和雷达入射角在很多情况下会导致坝体附属物如草坡、混凝土、堆石护坡等表面产生镜面反射。判断是否产生镜面反射，通常选用瑞利散射标准确定地物表面的粗糙程度 h，如下式：

$$h > \lambda \ / \cos(\eta) \tag{3-10}$$

　　式中，h 为地表高度起伏的均方差，λ 为雷达波长，η 为本地入射角。当地物的表面粗糙度 h 小于公式 3-10 的标准时，可以认为地表是光滑的，从而产生镜面反射。

图 3-16 对比统计了 Spotlight 升降轨影像中坝体主要附属物雷达后向散射强度。可以看出，在升轨与降轨影像中，不同地物的雷达散射强度变化有明显差异。

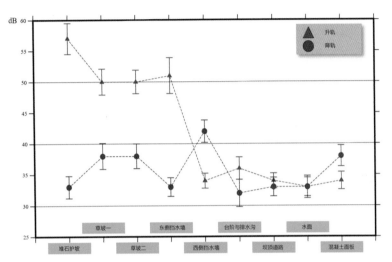

图 3-16　Spotlight 升降轨影像中坝体主要附属物雷达后向散射强度统计

堆石护坡，在雷达近距面（升轨）的本地入射角为 8°，雷达散射强度约为 57 dB，大于其他地物表面散射。在雷达远距面（降轨）的本地入射角为 73°，雷达散射强度约为 38 dB。但是，在降轨影像中堆石护坡的本地入射角变大，且雷达投影面积也相对变大，然而后向散射强度却非常小，这个现象表明地物的表面介电常数一方面受到入射角很大的影响，另一方面也与地表的粗糙程度有关。考虑到本地入射角，计算得到堆石护坡在雷达远距面的粗糙度为 9 cm，根据其表面的光滑程度分析，满足镜面散射的条件。

坝体背水面草坡分为 1∶2.5 的上坡面和 1∶2.75 的下坡面，在雷达近距面（升轨）的本地入射角分别为 15° 和 16°，两个坡面的坡度差异很小，其雷达散射强度也基本没有差别，约为 50 dB。在雷达远距面（降轨）时，本地入射角分别为 59° 和 60°，雷达散射强度都在 38 dB 左右。考虑到本地入射角，计算得到背水面草坡在雷达远距面的粗糙度为 6 cm，根据其表面的光滑程度分析，满足镜面散射的条件。

坝顶公路，其路面材质为水泥，表面粗糙度小于 5 mm，相对于 TerraSAR 卫星 X 波段雷达 3.1 cm 的波长，以及 36° ～ 39° 的本地入射角，可知其在雷达升降轨影像中都呈现镜面散射，散射强度约为 33 dB。

坝顶墙的表面为光滑水泥面，墙体与坝顶道路形成二面角反射，升轨时反射强度约达 42 dB，降轨时反射强度约达 51 dB，需要注意的是在升轨和降轨影像中产生二面角反射的墙体是不一样的，升轨为坝体东侧挡水墙，降轨为坝体西侧挡水墙。

坝体迎水面混凝土面板为一个整体平面，坡度为 1 ∶ 3，其材质为水泥，表面粗糙度小于 5 mm，在雷达近距面（升轨）的本地入射角为 52°，雷达散射强度约为 38 dB。在雷达远距面（降轨）的本地入射角为 21°，雷达散射强度约为 34 dB。

背水面台阶与排水沟通常用水泥抹平表面，因此表面为光滑的水泥面，但是其几何形态较为复杂，不是一个简单的面，难以具体分析其雷达散射机制。当其朝向雷达近距面（升轨）时，散射强度约达 37 dB；当其朝向雷达远距面（降轨）时，散射强度约为 32 dB。

水面在雷达升降轨影像中都呈现镜面散射，平均散射强度约为 32 dB。在有风浪的情况下，水面的散射强度会升高 2~3 dB，这主要是由于水面的波浪产生的布拉格效应等。

3） Spotlight 差分干涉图结果

土石坝干涉图序列减去高精度 DEM 模拟地形相位，即得到差分干涉图序列。图 3-17 所示为升轨 SAR 影像获取的差分干涉图及相干图。各干涉像对垂直基线基本在 300 m 以内，只有干涉像对 2017 年 2 月 27 日—2017 年 8 月 22 日的垂直基线长度达到 354 m，干涉图受垂直基线失相干的影响较小。在升轨 SAR 影像中，坝体背水面的草坡处于雷达近距面，具有较好的反射信号，且透视收缩效应对干涉相位的影响较小。坝体迎水面的混凝土面板处于雷达远距面，散射强度低，其干涉相位的信噪比较低且相干性差，无法获取连续的干涉条纹。

图 3-17 中拍摄时间为 2017 年 8 月 22 日的影像对应的干涉图相位噪声大，且坝面相关系数整体较低。通过查询气象局网站的降雨量数据可知，该幅影像拍摄前 2 小时的降雨量为 20 mm 左右，降雨导致了坝体草坡的介电常数发生了较大的变化，进而导致了失相干。

图 3-18 为基于降轨 SAR 影像获取的大坝表面的差分干涉图及相干图，垂直基线都在 200 m 以内。坝体迎水面的混凝土面板处于雷达的近距面，因此其表面的干涉相位信噪比较高，干涉条纹较为清晰。坝体背水面的草坡处于雷达的远距面，其后向散射强度大大降低，并且表面的干涉条纹模糊且不连续。其中 2017 年 6 月 16 日拍摄的 SAR 影像对应的两幅干涉图效果都较差。通过查询气象局的数据可知，该影像拍摄前一天降雨量达到

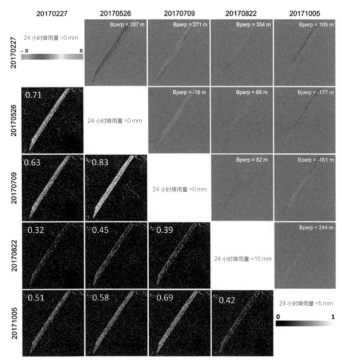

图 3-17　升轨差分干涉图与相干图序列

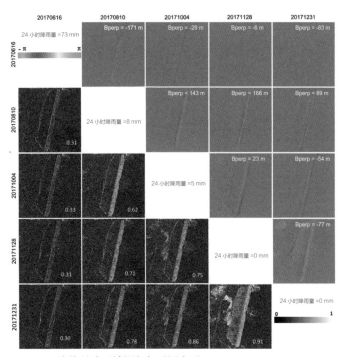

图 3-18　降轨差分干涉图与相干图序列

73 mm，由此可知研究区域夏季的降雨对坝体表面干涉相位的稳定性有很大的影响，进一步分析降雨对表面材质介电常数的影响以及对相位稳定性的影响量级对于时序分析而言很有必要。

4 ） 差分干涉结果精度评估

采用自主研发的 SAR 影像快速处理模块（RapidSAR）可进行坝体表面的干涉图序列处理。采用高精度水库 DEM 数据进行地形相位模拟并将其从干涉图中去除，对差分干涉图采用 Goldstein 滤波方法进行空域滤波以减弱噪声，利用最小费用流（MCF）算法对差分干涉图进行相位解缠。基于贝拉迪诺、施密特等学者于 2003 年的研究成果，高相干候选点的干涉图集合相位值进行时序相位的计算方法见下列公式：

$$AV = \Phi_{obs} \tag{3-11}$$

$$\text{其中 } A = \begin{bmatrix} t_1 & & & \\ t_1 & t_2 & & \\ & & O & \\ & & & t_{N-1} \end{bmatrix}, \quad V = \begin{bmatrix} v_1 \\ v_2 \\ M \\ v_{N-1} \end{bmatrix}, \quad \phi_{obs} = \begin{bmatrix} \phi_1 \\ \phi_2 \\ M \\ \phi_M \end{bmatrix}$$

式中，A 为系数矩阵，$t_i = T_{i+1} - T_i$，T_i 为第 i 景影像观测时间，$i \in [1, N-1]$，N 为 SAR 影像的数量；V 为变形速率向量，v_i 为第 i 景与第 $i+1$ 景 SAR 影像之间的变形速率；Φ_{obs} 为相位观测量矩阵，M 为干涉图的数量。

采用 SVD 分解方法对上式进行解算，获取变形速率估计量 $\hat{v}$。根据变形速率估计量，即可获取时序相位估计值及相位残差。

5 ） 坝体表面散射强度与时间相干性分析

南方某市处于低纬度地区，多云多雨，年平均降水量约为 1935 mm，其中主要降雨发生在 6、7、8 三个月份，月平均雨量超过了 300 mm，5 月和 9 月的平均降雨量超过了 200 mm，其余月份的降雨量基本在 50 mm 上下，见图 3-19。土石坝背水面的草坡和迎水面的混凝土面板在强降雨期间表面湿度变化很大，直接影响了表面的介电常数，进而导致雷达散射强度的减弱和相位的稳定性降低。

该市气象局公布市区近 100 个自动气象站的实际观测数据给普通用户，最近的 A 气象监测站距水库坝体只有 5 km 的直线距离，其实测降雨量数据可以近似为水库坝体的降雨实况。表 3-3 统计了 TerraSAR-X 卫星升降轨数据拍摄期间坝体附近降雨量的情况，

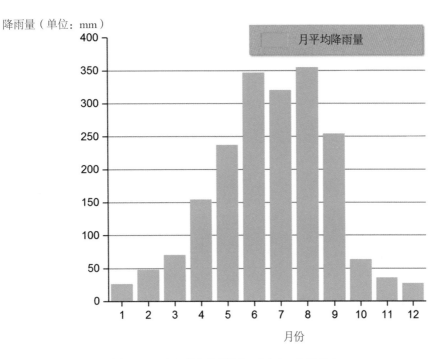

降雨量（单位：mm）

月平均降雨量

月份

图 3-19　南方某市月平均降雨量（20 年平均）

可知升轨拍摄的 2017 年 8 月 22 日有 15 mm 的降雨量，降轨拍摄的 2017 年 6 月 16 日降雨量达到 73 mm。对应图 3-18 的相干图序列可知，影像拍摄前一天的降雨对干涉图的相干性影响很大，这表明处理中国南方地区的 InSAR 时间序列数据时，夏季的降雨对数据成果的影响不能忽略。但是从图 3-17 可以看到，雨季拍摄的升轨 2017 年 7 月 9 日影像并没有明显的相干性损失。这表明，类似土石坝体表面的介电常数主要受表面湿度的影响，而不会在整个雨季期间都表现出弱的介电常数和弱的相干性，这使得雷达卫星在多雨季节开展大型基础设施的变形监测依旧具有可行性。

表 3-3　影像拍摄前 24 小时 A 气象监测站降雨量统计

序号	升轨拍摄时间	日均（mm）	降轨拍摄时间	日均（mm）
1	2017 年 2 月 27 日	0	2017 年 6 月 16 日	73
2	2017 年 5 月 26 日	0	2017 年 8 月 10 日	8
3	2017 年 8 月 10 日	0	2017 年 10 月 4 日	5
4	2017 年 7 月 9 日	15	—	—
5	2017 年 10 月 5 日	5	—	—

根据表 3-4 的统计可知，当处于雷达近距面时，坝体背水面的草坡和迎水面的混凝土面板都表现出很好的长时间相干性（相干系数大于 0.6），反之，处于雷达远距面时，这两者的相干系数都降低到 0.3 以下。坝顶道路的相干系数值不受雷达升降轨模式的影响，与水面的相干系数相近，都在 0.25 左右。坝顶墙所构成的二面反射具有很高的相关系数，基本上都在 0.8 以上，表明其雷达能量反射信号强，但其相位是否反映了坝体的沉降还需要通过长时间序列的分析才能够验证。坝体背水面的台阶和排水沟由水泥砌筑而成，表面光滑，在雷达近距面的相干系数约为 0.3，在远距面时将达 0.2，表明该物体的雷达后向散射值很弱，同样也难以保持相位的稳定性。

表 3-4　4 号坝 Spotlight 升降轨影像中地物相干性统计

地物类型	散射类型	本地入射角（°）	地表粗糙度极限值（cm）	相干系数	升降机
堆石护坡	漫反射	6.9	3.14	0.76	升轨
	漫反射	57.3	5.78	0.21	降轨
草坡 1	漫反射	17.6	60.6	3.27	升轨
	弱散射	6.36	0.69	0.33	降轨
草坡 2	漫反射	19.2	58.8	3.3	升轨
	弱散射	6.02	0.65	0.33	降轨
坝顶墙	二面角反射	36.4	—	0.81	升轨
	二面角反射	39.2	—	0.89	降轨
台阶与排水沟	镜面反射	36.4	3.88	0.35	升轨
	镜面反射	39.2	4.03	0.23	降轨
坝顶道路	镜面反射	36.4	3.88	0.26	升轨
	镜面反射	39.2	4.03	0.25	降轨
水面	镜面反射	36.4	3.88	0.24	升轨
	镜面反射	39.2	4.03	0.22	降轨
混凝土面板	镜面反射	52.2	5.09	0.28	升轨
	漫反射	21.1	3.34	0.61	降轨

坝体背水面的堆石护坡在雷达近距面的相干系数可达 0.7 以上，但是在雷达远距面的相干系数与水面相当。对比伊朗 Masjed-Soleyman 坝体的雷达远距面相干性，A 水库的堆石体表面的粗糙度可能还是小于光滑平面限值，因此后向散射强度太弱，无法保持相位的稳定性。这使得在雷达用于坝体表面研究时需要认真考虑坝体表面材质的粗糙度，确保其能产生足够的雷达后向散射信号，以便提取相位的信息。

3.4.5　土石坝表面散射特性研究小结

本项目利用 TerraSAR-X 卫星 Spotlight 影像，针对中小型土石坝开展了差分干涉变形监测试验。基于雷达成像几何关系、土石坝表面坡度角和方位角等，推导了土石坝坡面透视收缩和畸变的公式。通过公式分析，有助于合理选取大坝变形监测所需的雷达影像拍摄入射角度。对于坝体表面附属物如坝顶道路、坝顶挡水墙、迎水面混凝土面板，还有背水面草坡、台阶和排水沟以及堆石护坡等雷达后向散射特性的分析，也为干涉图质量评估、差分干涉图精度评定等提供了可信的依据。随着序列数据的增加，相关的统计特性将更为准确。随着更多表面材质和结构不同的土石坝表面变形监测案例的增加，不同雷达波长、不同极化方式等数据分析结果的加入，高分辨率雷达干涉测量监测土石坝表面变形的技术将更为完善和准确。

受益于该市气象局开放的气象数据，获取了雷达成像前数小时的土石坝附近降水量精确结果，为评估降雨及地物表面含水量对雷达散射强度的损失提供了条件。研究表明，雷达成像期间短时的强降雨会极大地影响地物的后向散射强度，并影响相位的稳定性。

高分辨率雷达卫星为中小型土石坝的工后沉降观测提供了全新的技术手段，可全面地观测大坝沉降过程，为坝体建成后的沉降评估与计算提供了新的数据源，也为坝体不同时期填筑质量的评估提供了新的观测手段。高分辨率聚束模式雷达卫星在合适的视角下，可以获取土石坝表面完整的变形场及其时变结果，为坝体的安全评估提供重要的参考，也为大坝内部材料固结过程的有限元分析和评估提供可靠的观测和约束，将会推进坝体有限元变形分析的理论与实践应用。

3.5　高精度 InSAR 变形监测专用设备

3.5.1　角反射器研制

受时间和空间的失相干以及大气效应的影响，传统的差分干涉测量的应用受到很大的限制，一些学者提出采用将离散的、相位稳定的目标点作为研究对象的新技术，如 PS-InSAR 技术。人工角反射器（CR）由于可被人为地控制其几何形状、尺寸、结构和安放位置，因此在 SAR 图像上显示出稳定的、清楚的、较高的振幅信息，拥有在低相干区域进行 InSAR 监测地表微量变形的潜力，近年来得到了广泛的应用和发展。CR 被安装在研究区域，雷达电磁波照射到 CR 相互垂直的两个或三个表面，经过几次反射，入射光线将沿原路径的逆方向反射回去，在图像上形成十字丝形状的亮点。

目前，国内外许多 InSAR 机构已经开始研究利用 CR 来探测城市地表微量变形和开展滑坡变形监测等，也相继布设了一系列的 CR 点。德国地学研究中心夏耶等最早利用人工角反射器方法进行了地面微小变形监测的实验分析与应用研究；葛林林（Ge Linlin）等将角反射器用于澳大利亚悉尼市的地面沉降观测研究[36]；杨成生等分析了角反射器设计与安装中的关键环节及其在 InSAR 差分干涉方面的应用[37]；姜文亮等研究了 SAR 图像上的角反射器识别及雷达角反射器的设计、安装技术要求等[38]。

目前研究所使用的角反射器，普遍存在以下缺点：

（1）目前常用的角反射器多采用三角面结构，这种结构的角反射器散射效率低、尺寸较大（一般长度达 1 m 以上，质量为 15 ～ 30 kg）。由于角反射器尺寸偏大、质量偏重、形状不规则，对布设和安装造成了不利的影响，表现在：安装场地占地范围大；对地基处理要求高，安装施工步骤复杂；运输不便，难以应用于交通不便的部位。

（2）角反射器需要按指定的水平方位角、垂直高度角安装布置，才能高效地反射卫星信号。如果安装时偏差过大，往往无法达到预期效果。角反射器安装过程中，需要使用罗盘等仪器设备，在缺乏明显定位参照的情况下，安装效率较低。

（3）以往角反射器一般只能在一个方向上（升轨或者降轨）反射信号，若想转换观测方向，则需要转动角反射器并重新布置和安装，这种作业方式效率较低，且可能引入观测误差，因此难以应用于 InSAR 三维变形监测。

在传统角反射器的基础上，本书编写团队通过技术改进研究和测试，使角反射器适用于多波段升降轨雷达卫星观测，达到小型化、易安装等目标，从而为角反射器 InSAR 技术的规模化应用扫除技术障碍，同时降低了材料成本和安装成本，进而推动了 InSAR 技术在城市基础设施、滑坡、地表沉降等领域的大规模应用。在确保能够获取高精度变形信息的前提条件下，通过改变角反射器的结构形式，调整角反射器的几何尺寸比例，研制出反射效率高、形状规则、小型化的新型角反射器。通过改进设计和优化组合，在一个监测点上设计双向角反射器装置，从而实现无需调整反射器就能同时获取升降轨两个方向观测量，进而实现基于角反射器的三维变形观测。

3.5.2　三角面角反射器制作

常见的角反射器分为二面角反射器和三面角反射器。

二面角反射器的雷达散射截面（Radar Cross Section，RCS）随入射角变化很快，只在很小的入射角范围内才能保证取得较大的 RCS 值。而在实际安装过程中，很难将角反射器的朝向调得十分精确，使得实际 RCS 波动范围较大，所以二面角反射器使用得较少。

三面角反射器在实际定标中用得最多。常见的三面角反射器有三种，分别由三个圆心角为 90° 的扇形、三个正方形、三个等腰直角三角形组成，如图 3-20 所示。

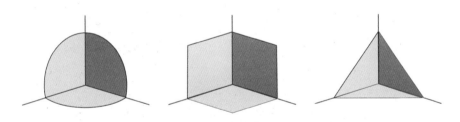

图 3-20　几种不同样式的三面角反射器

一般来说，在相同的边长（或半径）的情况下，三个正方形组成的角反射器 RCS 值最高，而三角形三面角反射器的 RCS 值最小。但是，当入射角发生变化时，三角面角反射器的 RCS 减缩速率最小，在较大的角度范围内可以获得较大的回波功率。

项目初期沿用了三角面角反射器的研制思路。研制的三角面角反射器，采用铝板和角钢制作而成，具体尺寸约为：长 0.8 m × 宽 1.2 m × 高 0.8 m。其外形如图 3-21、图 3-22 所示。

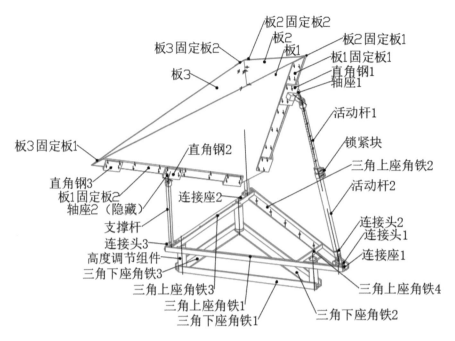

板2固定板2
板3固定板2
板2
板1
板3
板2固定板1
板1固定板1
直角钢1
轴座1
活动杆1
锁紧块
三角上座角铁2
板3固定板1
直角钢2
直角钢3
板1固定板2
轴座2（隐藏）
连接座2
支撑杆
连接头3
高度调节组件
三角下座角铁3
三角上座角铁3
三角上座角铁1
三角下座角铁1
活动杆2
连接头2
连接头1
连接座1
三角上座角铁4
三角下座角铁2

图 3-21 三角面角反射器设计图

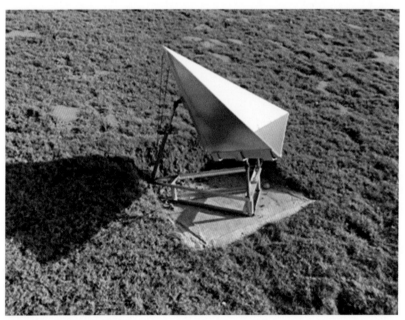

图 3-22 三角面角反射器

项目组分别在 A 水库、E 水库、F 水库和 G 水库安装了三角面角反射器，安装方法如下：

首先在坝面开挖基坑，然后灌注水泥砂浆修建观测墩，最后在观测墩上安装角反射器。

基坑开挖时，地表部分的平面尺寸为 80 cm×80 cm，向下开挖 40 cm 后，开挖范围缩小至中心部分的 40 cm×40 cm，再向下开挖 30 cm。

开挖完成后，灌注水泥砂浆并浇筑观测墩。观测墩平面尺寸为 80 cm×80 cm，顶部为水平平台，如图 3-23 所示。

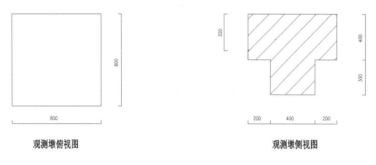

图 3-23　角反射器观测墩大样图（单位：mm）

角反射器采用膨胀螺栓固定在观测墩平台上，安装后效果如图 3-24 所示，反射器顶部高出平台约 80 cm。

图 3-24　角反射器安装后效果

3.5.3　小型角反射器研制

在初代三角面角反射器的基础上，项目组开展了角反射器的小型化研究。从不同构型的角反射器 RCS 值比较可知，三角面角反射器 RCS 值偏低，尺寸较大，从而导致制作成本偏高、安装难度较大且较不美观。为了更好地适应大坝监测需求，项目组进一步开发了用于大坝监测的小型角反射器。研制流程如图 3-25 所示。

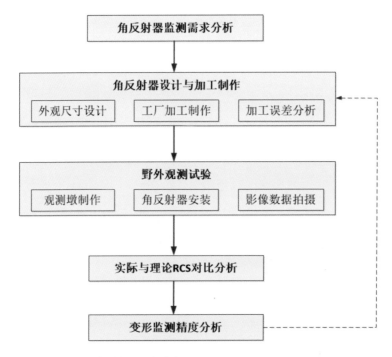

图 3-25　小型角反射器研制流程

1）　角反射器对不同卫星升降轨的反射特性研究

基于已安装的角反射器，开展在不同条件下的 SAR 影像散射特性研究。考虑到不同水库所安装角反射器的朝向及倾角的差异，本项目从四个方面开展测试、分析、研究工作：①分析在不同波段、不同分辨率 SAR 影像中，水库坝体背水面及迎水面的散射信号强度特征；②分析 F 水库和 E 水库角反射器分别在降轨的 X 波段 COSMO-SkyMed 卫星和 C 波段 Sentinel-1 卫星影像中的散射特性，并分别计算在坝体迎水面和背水面的反射信号的信噪比；③分析 A 水库角反射器在升轨 TerraSAR-X 和降轨 COSMO-SkyMed 卫星影像中的散射特征，并研究角反射器在 3 m 分辨率和 1 m 分辨率 TerraSAR-X 影像中散射信号的差异；④在 A 水库和 F 水库试验区，调整角反射器的倾角和方位角，测试其在 SAR 影像中散射强度的变形数据，并与理论值进行比较分析。

2）　小型角反射器方案设计

新型角反射器方案设计主要从角反射器样式选取、结构优化、结构稳定度及防水等方面开展工作：①基于试验区水库坝体背水面及迎水面的散射信号强度特征，以理论监测精度 1 mm 为允许值，确定角反射器需要达到的最小理论反射强度值，单位为分贝（dB），并以此为标准，研究等腰三角形、扇形、正方形、五边形等类型角反射器所需的最小尺寸；②以小型化和反射效率满足要求为准则，结合角反射器的抗干扰能力、加工误差、安装误差等影响因素，设计角反射器的结构和合适尺寸；③基于升降轨雷达卫星的轨道方向，开展结合两个朝向角反射器设计方案的研究；④为了实现雷达散射截面的最大化，基于 SAR 卫星的入射角度，在角反射器面板形状选型、长宽比设计等方面进行结构优化。

3）　小型角反射器生产加工与实地测试

新型角反射器生产加工过程主要包括材料选型、加工误差控制、结构稳定度测试等。比对铝板、不锈钢板、塑料镀铝制品等材料的表面平整度、稳定性、质量、价格等因素，结合角反射器的制作要求，实现材料的选型。角反射器制作完成后，开展加工误差的测定以及理论 RCS 值的评估等工作。实地测试工作主要为测试角反射器在不同波段的升降轨雷达影像中的反射强度，并与理论值进行比较分析，同时检验角反射器在时序 SAR 影像中反射强度的稳定性。

4）　基于小型角反射器的变形监测成果分析

角反射器的变形监测成果分析工作主要包括相位标准差评估、三维变形分析、监测结果精度评估等工作。基于时间序列 SAR 影像，对相邻角反射器之间的相位差进行提取，获取角反射器在不同波段影像中的相位标准差。利用卫星的轨道参数和本地入射角，实现变形量在高程方向和水平方向的分解，并进行变形监测结果的评估。

5）　小型角反射器研制成果

项目组开发了一款同时实现升轨和降轨卫星信号反射的角反射器如图 3-26，其设计特点有：

（1）采用长方体构型，在更小尺寸的情况下提供更强的散射信号。

（2）采用水平布置的方式，忽略高度角变化对雷达散射信号的影响，从而更便于安装。

（3）基于升降轨雷达卫星轨道特点和本地入射角情况，调整长方形面板位置和高度，优化角反射器的反射效率，在反射强度一定的情况下达到减小角反射器尺寸的目的，可大幅节约材料成本。

（4）同时支持升轨和降轨方向的观测，如图 3-26 所示，通过多方向的观测能实现三维变形量的提取。

（5）采用更加美观的设计，融入大坝背景环境。

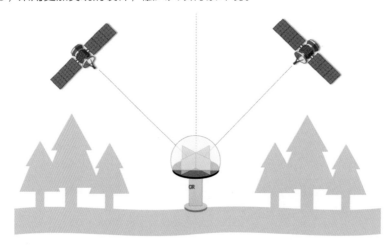

图 3-26　双向角反射器观测示意

小型角反射器的技术参数见表 3-5，角反射器安装效果如图 3-27 所示。

表 3-5　小型角反射器的技术参数

序号	技术指标	技术参数
1	角反射器尺寸	55 cm
2	反射波段	支持 X 波段，可选择支持 C 波段卫星观测
3	反射强度	相对地表面散射信号，角反射器增强水平不低于 10 dB
4	观测几何	支持升降轨卫星观测
5	制作材料	铝
6	尺寸加工误差	小于或等于 1 cm
7	角度加工误差	小于或等于 0.5°

图 3-27　迎水面与背水面角反射器安装效果

3.5.4　角反射器数据处理

1）角反射器识别

角反射器的后向散射强度与雷达频率、影像分辨率等因素相关，同时其与周边像素的散射强度比值会影响变形监测的精度。项目组利用不同轨道、不同分辨率、不同电磁波段的雷达卫星影像，对角反射器的后向散射强度进行了分析。

图 3-28 为 F 水库所安装的角反射器在 COSMO-SkyMed 雷达卫星影像中的散射强度情况，图中绿色框所示为角反射器所在位置的放大图，1 号角反射器位于迎水面，2 号和 3 号角反射器位于水库坝体背水面。分析角反射器安装前后散射强度变化可知，安装前散射强度值约为 19.4 dB，安装后增加至 52.2 dB，因此角反射器相对于周边地物的信噪比约为 32.8 dB。

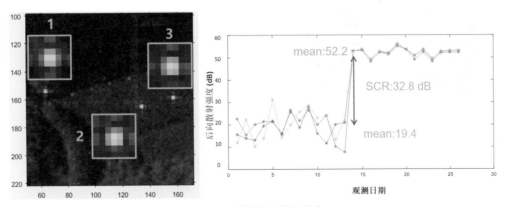

图 3-28　F 水库角反射器在 COSMO-SkyMed 影像中的散射强度

图 3-29 为 A 水库所安装的角反射器在 COSMO-SkyMed 雷达卫星影像中的散射强度情况，图中 1 号和 2 号角反射器位于坝体背水面，3 号角反射器位于坝肩位置。角反射器安装前后散射强度的变化情况：安装前散射强度值约为 20 dB，安装后增加至 50 dB，角反射器相对于周边地物的信噪比约为 30 dB。

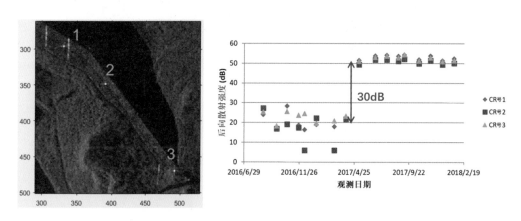

图 3-29　A 水库角反射器在 COSMO-SkyMed 影像中的散射强度

图 3-30 为 A 水库所安装的角反射器在 1 m 分辨率 TerraSAR-X 雷达卫星影像中的散射强度情况。分析角反射器安装前后散射强度的变化可知，安装前散射强度值约为 40 dB，安装后增加至 81 dB，角反射器相对于周边地物的信噪比约为 41 dB。

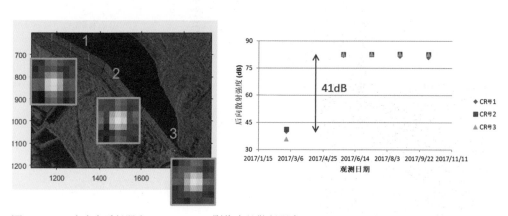

图 3-30　A 水库角反射器在 TerraSAR-X 影像中的散射强度

图 3-31 为 A 水库所安装的角反射器在 C 波段 20 m 分辨率 Sentinel-1 雷达卫星影像中的散射强度情况。分析角反射器安装前后散射强度的变化可知，安装前散射强度值约为 0.5 dB，安装后增加至 3.5 dB，角反射器相对于周边地物的信噪比约为 3 dB。

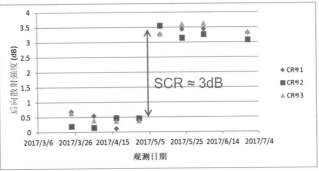

图 3-31　A 水库角反射器在 Sentinel-1 影像中的散射强度

分析可知，角反射器可大幅提高水库坝体表面特定位置的后向散射强度，尤其对于高分辨率的 COSMO-SkyMed 和 TerraSAR-X 卫星影像而言作用更明显。

2）　角反射器模拟变形

为了测试 InSAR 变形监测的精度和可靠性，项目组研制出一种可模拟沉降的角反射器装置，其在水库坝体表面的安装效果如图 3-32 所示。通过旋转下面的手柄，可实现角反射器散射主体的上升或下降。

图 3-32　可模拟变形的 InSAR 角反射器在水库的安装效果

项目组分别于 2017 年 7 月和同年 11 月对 3 号角反射器的高度进行了两次模拟变形调整，其中第一次调整高度为 10 mm，投影到雷达视线方向约为 8.5 mm，第二次调整高度为 7 mm，投影到雷达视线方向约为 5.9 mm，如图 3-33 中红色点所示。利用 COSMO-SkyMed 雷达卫星影像，项目组获取了 3 号角反射器在监测期间的变形情况，如图 3-33 中蓝色点所示。比较实测值与理论变形值可知，两者的变化情况基本一致。由统计可知，InSAR 实测值和角反射器理论变形值差值的平均值为 0.6 mm，标准差为 0.9 mm。

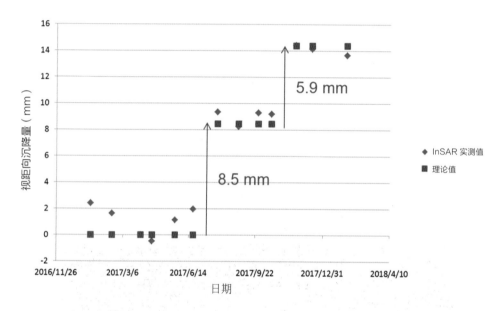

图 3-33 模拟变形实测值与理论值对比

3） 角反射器变形信号提取

考虑到角反射器在高分辨率雷达影像中具有高强度的反射信号，项目组采用匹配 *sinc* 函数模板的方法进行角反射器位置的识别，然后提取角反射器在 InSAR 干涉图中所对应的相位信息。

项目组利用水准测量获取的角反射器高程值进行系统相位模拟，并将其从干涉相位序列中去除，以减小轨道误差和高程误差的影响。利用雷达卫星的入射波段参数，将时序相位转化为时序变形量。

3.6 InSAR 监测软件平台

3.6.1 InSAR 数据处理软件现状

目前国内外均有 InSAR 数据处理软件，一般分为开源与商用两类。

GAMMA 软件是一款由瑞士 GAMMA 遥感公司推出的常用的 InSAR 商用处理软件，采用了基于组件式的软件设计。GAMMA 软件分成五个部分：组件式的 SAR 处理器（MSP）、干涉 SAR 处理器（ISP）、差分干涉和地理编码（DIFF 与 GEO）、土地利用工具（LAT）、干涉点目标分析（IPTA）。用户可以调用 GAMMA 软件中的某一特定处理算法对数据进行单独或分步处理。

SARProZ 软件是意大利 SARProZ 公司研发的一款 InSAR 商用处理软件，它整合了多种先进高效的处理算法，并支持用户嵌入开发自主算法模型。基于并行多线程处理技术，SARProZ 能够快速处理分析海量雷达影像数据，拥有友好高效的图形化用户界面。同时，它的底层是用 matlab（美国商用数学软件）进行开发的，安装时需要同时安装 matlab。SARProZ 在大气分析技术、季节性变形分析技术、非线性变形分析技术和城市区域 PS 点层析功能上拥有先进水平，并兼容其他软件系统的文件格式，如 GAMMA、DORIS 等。

ROI_PAC 软件是一款开源 InSAR 处理软件，由美国的喷气推进实验室（JPL）和加州理工学院（Caltech）联合开发，软件运行于 Linux 平台、SGI 或 SUN 平台，可以在网站上申请下载，软件的使用者可以根据自己的需要改编，或是在其基础上添加新功能。ROI_PAC 的顶层控制脚本为 Perl，用户在使用该软件之前需要对 Perl 编程语言有所了解。

此外，国外 InSAR 数据处理软件还包括并不仅限于 DORIS、GMT5InSAR、ISCE、SNAP、PolSARpro、RAT、GIAnT、PyRate、PySAR、STAMPS、EV-InSAR、PulSAR、SARscape、MapReady、ESA-NEST 等，每种软件皆具有各自的特性、优点和缺点，这些软件在其官网上均有详细介绍。

国内的 InSAR 数据处理软件一般为商业软件，多数基于现有的开源处理算法进行二次开发。

Skysense 软件是香港洪都（国际）发展有限公司与香港中文大学合作研发的国内第一款商业 InSAR 自动化处理软件。它采用 C++ 和 OpenMP 并行编程，实现了 SLC 到最终 InSAR 产品（InSAR DEM 产品、D-InSAR 变形产品、PS DSM 产品和 PS 变形产品）的自动化处理。该软件共包括工程管理、SAR 基本工具、InSAR 处理、D-InSAR 处理、MT-InSAR 分析、后处理和可视化模块。

SAR Studio 软件是一款由迅感科技（北京）有限公司主持开发的商业化 InSAR 处理软件。该软件拥有多项核心技术，支持多种 SAR 卫星传感器，具备强大的 SAR 处理能力，可提供 150 余个联合开发商业级算法模块。它的主要特性有：一键化执行和图形化编程相结合，数据处理方便快捷；提供并行计算方式，提升海量数据（百景以上）解算效率等。

综上所述，国外 InSAR 数据处理软件发展较为成熟，Github 上可以检索到部分 InSAR 开源算法工具，同时部分商用软件（如 GAMMA 等）也提供开放源代码供用户使用。国内 InSAR 数据处理软件刚刚起步，目前市场上以商用处理软件为主，虽也有如 SHPS-DSI 的开源软件，但数量屈指可数。

3.6.2　RapidSAR 数据处理软件简介

本书编写团队研发出一套具有实用能力的快速雷达影像处理软件（RapidSAR）。RapidSAR 软件界面如图 3-34 所示，软件界面包括两个部分，分别为软件功能区和数据显示区。软件功能区所包含的功能有：开始菜单、SAR 基本工具、雷达干涉处理、雷达影像时序分析、空间坐标校正、三维变形分析以及帮助等。

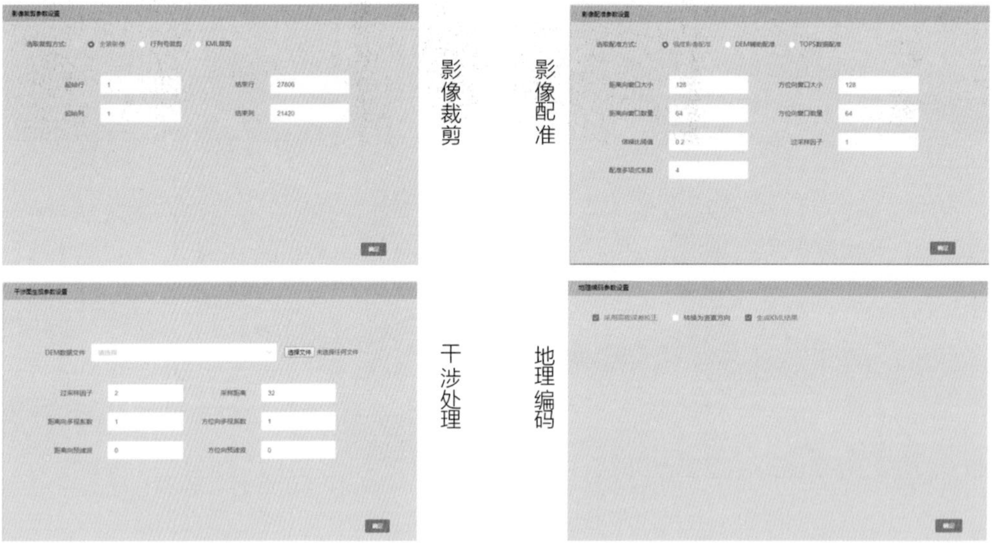

图 3-34　RapidSAR 软件界面

1) RapidSAR 特点

RapidSAR 可实现对高分辨率雷达卫星影像的快速高精度处理，具体包括：

（1）支持多种数据源：多种星载雷达影像数据（TerraSAR-X、COSMO-SkyMed、Sentinel-1、Radarsat-1/2、ALOS PALSAR-1/2 等）。

（2）智能化数据处理策略：可根据监测对象选择相应的策略进行自动化数据处理；支持并行运算，实现高效处理。

（3）先进的 InSAR 时序算法：基于改进的时空构网策略和多种解算模型，可大幅提高相位解缠的可靠性和变形参数估计的精度。

（4）三维变形监测：支持利用多轨道 InSAR 数据计算特定目标的三维变形。

图 3-35 分别为利用 RapidSAR 和传统 PS-InSAR 技术获取的 A 水库变形监测结果，由图可知前者在水库坝体表面可以获取更多的监测点，更适用于大坝变形监测。

RapidSAR   PS -InSAR（传统方法）

图 3-35　RapidSAR 与传统 PS-InSAR 时序方法对比

2) RapidSAR 处理流程

RapidSAR 软件的基本数据处理流程如图 3-36 所示，主要包括 SAR 影像干涉处理和 InSAR 时序分析两个部分。

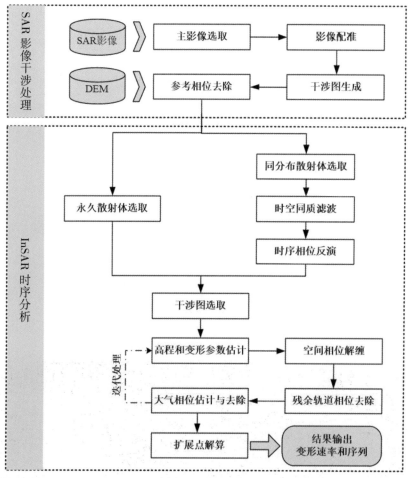

图 3-36 RapidSAR 软件数据处理流程

3.6.3 基于 RapidSAR 的自动化 InSAR 数据处理平台

雷达遥感影像数据种类越来越多元化，获取频率快、周期短，时效性越来越强。比如，哨兵卫星每隔 6 天可实现 1 次全球雷达卫星影像数据获取，RCM 星座每隔 3 天可实现 1 次快速重访，未来的 ICEYE、Capella、Synspective 等小型合成孔径雷达卫星星座均可提供近实时的雷达影像数据服务。雷达遥感大数据时代已经到来。

免费数据源与高分数据源的不断增加，对 InSAR 大数据管理和处理能力提出了更高的要求。雷达遥感领域传统的存储、计算、管理的手段已经很难适应这种变化，传统的存储和计算架构对于 InSAR 大数据的处理也变得捉襟见肘。因此，需要在 InSAR 监测产业链中消除影像数据获取与遥感影像处理之间的失衡状态，突破 InSAR 信息处理环节上"从数据到数据"的技术困局，及时充分挖掘海量数据背后的价值，提高遥感数据的利用率，提升雷达遥感数据的价值。

基于前期已研发的自主知识产权 RapidSAR 数据处理软件，研究团队开展了 InSAR 大数据处理平台的搭建工作。其中数据获取、存储、管理、处理、展示是 RapidSAR 大数据处理平台的几个重要环节，如图 3-37 所示。

图 3-37　RapidSAR 大数据处理平台

1）雷达遥感数据获取

对于免费的 Sentinel-1A/B 影像数据，团队研发了自动化数据下载工具，可实现基于位置、时间等信息的 SAR 影像数据及精密轨道数据的快速检索及下载，同时可提供用户感兴趣区域数据的更新下载服务。团队后期计划利用网络爬虫技术，实现对 TerraSAR-X、COSMO-SkyMed、Radarsat-2、ALOS-2 等商业卫星影像数据的快速检索功能。

2）雷达遥感数据存储

雷达遥感数据通过磁介质或其他形态的存储介质进行存储，建立计算机系统能够识别的存储模型进行存储访问。考虑到 InSAR 原始数据、过程数据及结果数据的特点和访问需求，RapidSAR 大数据平台采用 SQL 数据库存储管理结构化数据，利用文件系统存储管理非结构化过程数据，采用 MongoDB 数据存储 SAR 原始数据、重要过程数据及监测结果数据，并通过生命周期管理技术实现数据在不同存储数据库之间的动态切换。

3）雷达遥感数据管理

雷达遥感数据管理在数据存储和数据服务之间架设了一座桥梁，将原始数据、过程数据、结果数据等变得井然有序，提高了数据存储效率和数据服务质量。RapidSAR 大数据处理平台主要通过数据的类型、监测工程、位置等属性的关系，采用数据库管理技术，实现对不同类型数据的存储、调用、查看等操作。采用建立 web 服务器的方式，实现用户与后台服务器数据的交互。

4）雷达遥感数据处理

雷达遥感数据处理是 RapidSAR 大数据处理平台的核心，用户可基于该平台实现对 InSAR 影像数据的高效、准确、自动化处理。功能模块包括预处理、差分干涉测量（D-InSAR）、多时相 InSAR 分析（MT-InSAR）、角反射器干涉测量（CR-InSAR）。各模块的功能如下：

（1）预处理模块：影像读取、过采样、主影像选取、影像裁剪、地形数据转换、影像配准等。

（2）差分干涉测量模块：干涉图选取、干涉图生成、平地相位去除、地形相位去除、相位滤波、相干性估计、相位解缠、地理编码等。

（3）多时相 InSAR 分析模块：主影像选择、干涉图选取、干涉图生成、平地相位去除、地形相位去除、相干目标点选取、相位提取、三维相位解缠、轨道误差估计、基准点选取、大气相位估计、相位精化、地理编码等。

（4）角反射器干涉测量模块：干涉图选取、干涉图生成、平地相位去除、角反射器识别、角反射器相位提取、角反射器相位解缠、变形解算、地理编码等。

RapidSAR 大数据处理平台所支持的雷达卫星影像数据包括 TerraSAR-X、COSMO-SkyMed、Sentinel-1A/B、Radarsat-2、ALOS-2 等主流的 SAR 卫星影像数据，同时支持分块处理和并行运算，可实现对雷达卫星影像数据的快速高效处理。

5）InSAR 监测结果展示

RapidSAR 大数据处理平台采用 GeoServer 技术实现对监测结果的自动化发布，用户基于 RapidSAR 展示平台可实现对监测结果的查看和变形分析。具体功能包括变形序列分析、剖面线分析等，如图 3-38、图 3-39 所示。

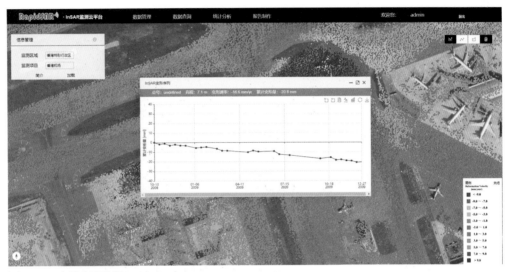

图 3-38　变形序列分析

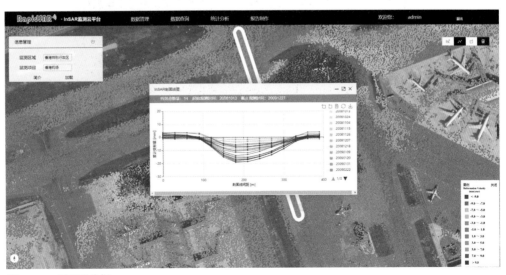

图 3-39　剖面线分析

第 4 章　土石坝 InSAR 监测应用

4.1　新建土石坝 InSAR 监测

A 水库坝体于 2016 年建设完成，由 6 个坝体组合而成，坝体总长度约为 4.8 km，其光学遥感影像如图 4-1 所示。其中 1 号至 4 号坝体基本于 2016 年底建设完成，5 号和 6 号基本于 2015 年前已完工。坝体背水面为稀疏的草地，迎水面由水泥面板组成。

图 4-1　A 水库坝体位置及遥感影像（2020 年）

A 水库 4 号黏土心墙坝最大坝高 50.7 m，坝顶宽度为 8 m，长度 1121 m。迎水面采用 0.25 m 厚的混凝土面板，坡度为 1∶3（水平角度为 18.4°），迎水面内部为强风化石料。背水面底层坡度为 1∶2.75（水平角度为 20°），上层坡度为 1∶2.5（水平角度为 22°），内部为强风化石料。图 4-2 为坝体 CAD 设计平面图。图 4-3 为 A 水库 4 号坝体纵剖面图。

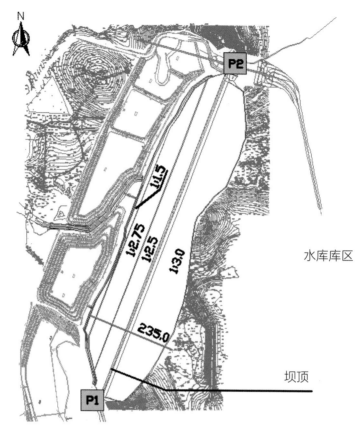

图 4-2　A 水库 4 号坝体平面

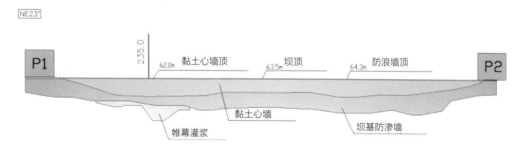

图 4-3　A 水库 4 号坝体纵剖面示意

　　A 水库 4 号坝体是 6 个坝段中设计高度最高的，坝顶高达到了 50.7 m。坝体整体的施工工艺较为复杂，为了确保坝基风化岩石不发生严重的渗水，在坝体轴线修筑了 8 m 高的水泥防渗墙并进行了深达 30 m 的帷幕灌浆。同时，为了确保坝体的绝对安全，坝体设计将黏土心墙与堆石工艺水泥面板都用在坝体结构中，使得该坝段既为黏土心墙坝，也为面板堆石坝，这使得该坝体在建筑过程中发生的变形过程具有一定的特殊性。

考虑到 A 水库的位置较高，下游城市区人口众多，因此 4 号坝体的建筑周期较长，约为 4 年，这使得坝体在建设过程中的沉降有了充分的释放。主要是坝体基层填筑物通过 3 年以上的建设工期的缓慢沉降后，其物理特性和结构基本保持了稳定，自重产生的收缩已经很弱，对上层坝体的变形影响较为微弱。从对设计和施工过程的分析来看，坝体建成后（2017 年 1 月）的变形主要贡献来源于坝体上层填筑区和黏土心墙的沉降。

图 4-4 所示的坝体横断面示意图显示坝体具有较厚的黏土心墙，黏土心墙的坡度比为 1 ∶ 0.5，两边各增加 3 m 厚度的粗砂反滤层。从材质的物理特性方面考虑，黏土心墙的下沉量远大于堆石体的下沉量，而且沉降过程也会长达数年，这使得坝体建成后的主要沉降贡献量将来自于此处。

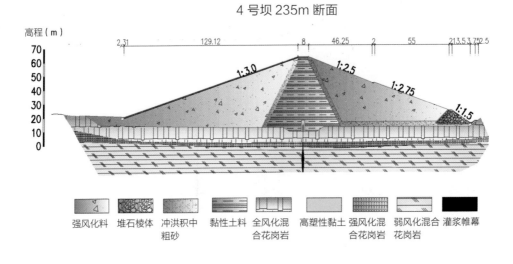

图 4-4 A 水库 4 号坝底地质构造与内部结构横断面示意（235 m 断面）

坝体的背水面为堆石体，其下半部分坡度比为 1 ∶ 2.75，上半部分坡度比为 1 ∶ 2.5，表面种植草皮绿化。堆石体内部常年保持干燥状态，在建成后因自重导致的沉降过程结束后（通常为 2~3 年）就将基本保持稳定，不会发生明显的沉降。需要注意的是，背水面的底角设置了一个约 10 m 的排水棱体。排水棱体能有效地降低坝体浸润线和防止坝坡土料的渗透变形，支撑下游坝坡增加其稳定性，保护坝脚不受尾水冲刷。

坝体迎水面为 25 cm 厚的连续混凝土板，其下附有细沙铺垫的反滤层。混凝土板的主要作用是阻挡上游水的渗透，这可以保持坝体上游堆石体的相对干燥，不发生明显的渗流和管涌等。未来随着水库蓄水达到设计水位，混凝土面板会将上游水位的压力传递到整个坝体，使坝体内部发生受力变化引起的水平位移和沉降。

项目组分别采用降轨和升轨聚束模式 TerraSAR-X 数据对 A 水库某号坝体开展变形监测，其中升轨数据的覆盖时间段为 2017 年 2 至 10 月，降轨数据的覆盖时间段为 2017 年 6 至 12 月。

图 4-5 揭示了水库背水面在 2017 年 2 至 10 月期间，共 7 个多月的表面下沉过程，从平均速率来看，坝体顶部约以每月 3 mm 的速度下沉，最大累计变形量达到 -28.9 mm。主要沉降区域发生在坝顶和背水面的上坡面，从坝体结构可知，这方面的沉降量主要来自于坝填土的压缩。变形监测序列的残差如图 4-5（E）所示，中误差均值为 1.1 mm。

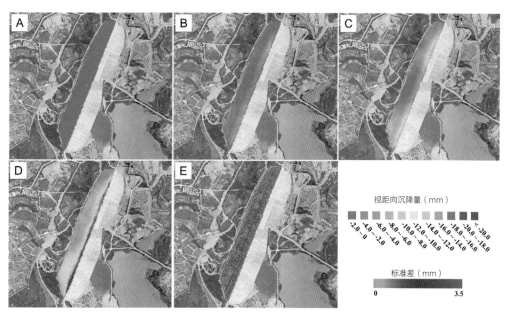

A-2017 年 2 月 27 日；B-2017 年 5 月 26 日；C-2017 年 7 月 9 日；D-2017 年 10 月 5 日；E- 残差图。
图 4-5　升轨影像时序结果

图 4-6 揭示了水库迎水面在 2017 年 6 至 12 月期间，共 7 个多月的表面下沉过程，从平均速率来看，坝顶约以每月 4 mm 的速度下沉，主要集中在坝顶位置，最大累计变形量为 −22.7 mm。需要指出的是，背水面的混凝土板是按照 3 m × 3 m 的块体进行浇筑的，每个块体之间预留伸缩缝用沥青等材料填充，避免混凝土因温度等原因发生膨胀效应。因此，坝体内部结构的收缩可以反映到表面混凝土板的变形上。变形监测序列的残差如图 4-6（E）所示，中误差均值为 1.9 mm。

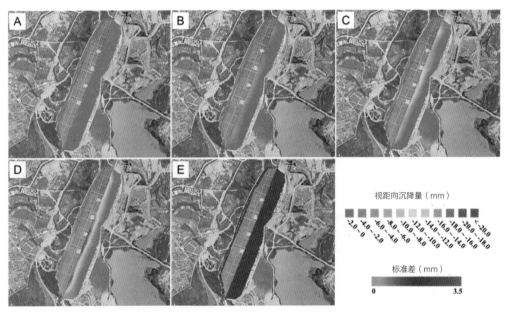

A−2017 年 8 月 10 日；B−2017 年 10 月 4 日；C−2017 年 11 月 28 日；D−2017 年 12 月 31 日；E− 残差图。
图 4-6　降轨影像时序结果

据前述可知，坝体主要的沉降来自于坝填土的压缩，项目组利用升降轨雷达影像获取的坝顶纵断面的累计变形量与坝顶纵断面上黏土填筑深度进行对比分析，结果如图 4-7 所示。

红色曲线对应的是升轨影像获取的背水面沉降，监测时间为 2017 年 2 月 27 日至 10 月 5 日，与回填黏土埋深的相关系数为 0.68。蓝色曲线对应降轨影像获取的迎水面水泥面板的沉降，监测时间为 2017 年 8 月 10 日至 12 月 31 日，与回填黏土填充体埋深的相关系数为 0.62。分析可知坝体表面沉降规律与回填土的深度具有较高的相关性，表明坝体表面反映的沉降基本为坝体上部填土的自重压实过程。

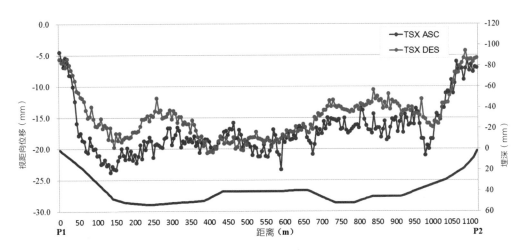

图 4-7　坝顶纵断面沉降剖面图与黏土埋深曲线

4.2　加高后的土石坝 InSAR 监测

B 水库兴建于 1977 年，位于广东省某市。为了增加水库的蓄水量，B 水库于 2008 年开展扩建工程，并于 2010 年完工。扩建后的水库属于中型水库，具有城市供水、原水调蓄和城市防洪三大功能。改造后的水库主坝体长度约为 750 m，坝顶高程为 66 m。B 水库坝体为混凝土防渗心墙土坝，坝体中间部位采用透水性极差的黏土做防渗体，两侧采用当地土料、沙砾等碾压而成。在水库初蓄期，坝体由于自身重力作用会出现较大的沉降和水平位移，水库水位的上升导致内部干燥的碾压层浸润含水后也会产生一定的变形，因此需要对坝体变形情况进行持续监测。

利用覆盖水库的 22 景升轨 TerraSAR-X 和 26 景降轨 COSMO-SkyMed 数据进行 B 水库坝体变形分析，具体参数指标见表 4-1。所收集的 TSX 和 CSK 影像的拍摄模式均为条带模式，距离向和方位向的分辨率为 3 m×3 m，运行波段为 X 波段。TSX 和 CSK 影像的覆盖时间相近，处于水库的初蓄期，且基本与地面人工监测时间段相重合。不同的是，拍摄 TSX 影像的卫星为升轨飞行，而 CSK 卫星为降轨飞行，两者相差的角度约为 159°。另外，TSX 与 CSK 影像的入射角相差约 5°。

对监测范围内的雷达影像进行非相干平均叠加，所获取的 B 水库坝体的平均强度影像如图 4-8 所示。水库坝体迎水面为水泥面板，后向散射信号较弱；背水面后向散射信号相对较强。由于坡面倾角较小，坝体在雷达影像中不存在阴影现象，但是因卫星轨道与坝体倾角之间的关系会出现一定的前视收缩现象。

表 4-1　B 水库 InSAR 监测原始数据情况

卫星名称	TerraSAR-X	COSMO-SkyMed
拍摄模式	条带模式	条带模式
运行波段	X 波段（3.12 cm）	X 波段（3.11 cm）
影像数量	22	26
覆盖时间	2011 年 7 月—2012 年 6 月	2011 年 5 月—2012 年 4 月
极化方式	VV	HH
轨道方向	升轨	降轨
轨道倾角	349.75°	−169.29°
入射角	37.32°	32.35°

图 4-8　B 水库坝体平均强度影像

考虑到水库坝体表面地物后向散射信号弱的特点，项目组采用基于永久散射体和同分布散射体的雷达影像时间序列分析技术对主坝体表面变形进行分析，在数据处理过程中，采用坝区精化的 DEM 数据作为辅助，将相干点转换到地理坐标系。获取的水库坝体表面的线性变形速率如图 4-9 所示。

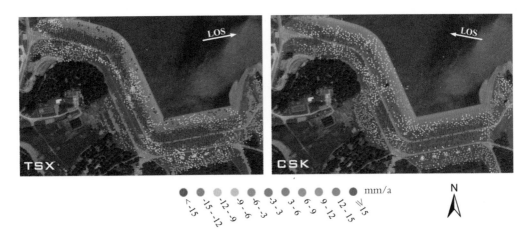

图 4-9　B 水库主坝体表面变形速率

在 2011 年 5 月至 2012 年 6 月期间，两种数据源都监测到水库坝体表面存在较大的变形：TSX 影像所获取监测点的最大变形速率为 −28 mm/a；CSK 影像所获取监测点的最大变形速率为 −30 mm/a。这主要是因为大坝加高完工后，坝体自身的重力压实作用会导致大坝表面出现较大的变形。

将 InSAR 变形序列与坝体设立监测站的同期水准测量结果和水库水位数据进行比较分析，如图 4-10 所示。

图 4-10 中列出了 28 个水准监测点及对应 InSAR 变形序列的结果，行向为沿坝体的横断面方向，列向为沿坝体的纵断面方向。其中，TSX 和 CSK 卫星监测结果为其在 LOS 视线方向的变形量，水准监测结果为垂直方向的变形量。三种数据源监测点的空间位置不统一，项目组采用选取距离水准点最近的相干点的方式来选定对应的监测点。由于 TSX、CSK 和水准的起始观测时间不一致，以 CSK 影像的变形序列为准，将其变形序列在 TSX 和水准观测时间处的变形量与 TSX 和水准变形进行最小二乘拟合，并对 TSX 和水准变形序列进行整体校正。其中，CSK 在其他两种数据源起始时间处的变形量通过三次样条插值获取。经比较可知，TSX、CSK 监测结果与水准测量结果具有较高的一致性。

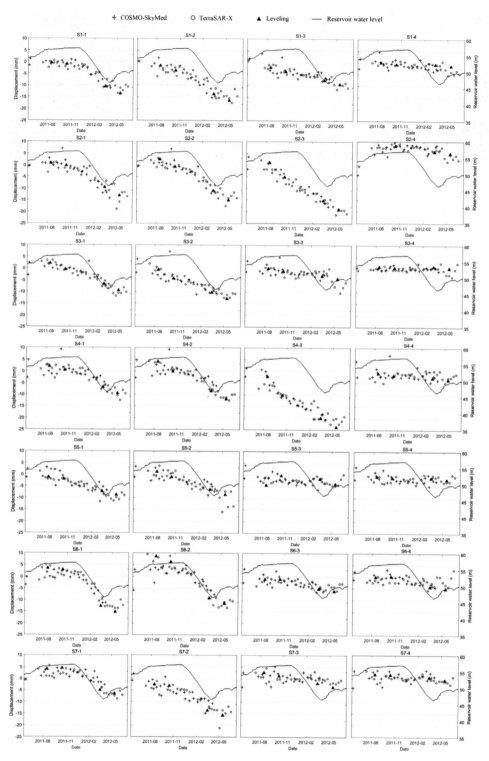

图 4-10　B 水库主坝体 28 个监测点变形序列及水库水位变化量

4.3　稳定运行期的土石坝 InSAR 监测

项目组分别采用降轨 COSMO-SkyMed 和升轨 TerraSAR-X 数据对 C 水库大坝开展变形监测，其中 COSMO-SkyMed 数据的覆盖时间范围为 2015 年 1 月至 2018 年 5 月，TerraSAR-X 数据的覆盖时间范围为 2013 年 11 月至 2016 年 10 月。

4.3.1　COSMO-SkyMed 卫星监测结果

项目组采用 COSMO-SkyMed 数据对 C 水库坝体及基础设施开展沉降监测，数据的覆盖时间范围为 2015 年 1 月至 2018 年 5 月。考虑到主坝体表面后向散射强度较弱的特点，项目组采用融合永久散射体和同分布散射体的干涉测量技术对 SAR 影像序列进行变形分析，获取的变形监测结果如图 4-11 所示。

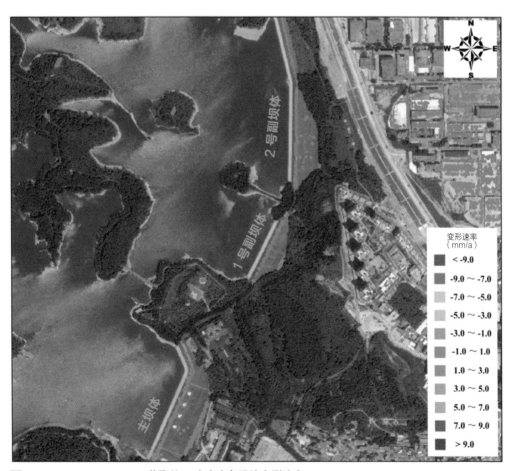

图 4-11　COSMO-SkyMed 获取的 C 水库水务设施变形速率

COSMO 影像可在 C 水库坝体及其周边设施表面获取较多的监测点，用于变形监测分析。经统计，在 C 水库坝体及周边位置共获取监测点 874 个。

在 2015 年 1 月至 2018 年 5 月期间，C 水库主坝体监测点变形速率介于 −2~2 mm/a 之间，整体表现较为平稳。从主坝体的不同位置选取了 4 个典型监测点进行变形序列分析，对应的累计变形量分别为 −4.2 mm、−5.1 mm、−5.2 mm、−3.3 mm，变形序列结果如图 4−12 所示。

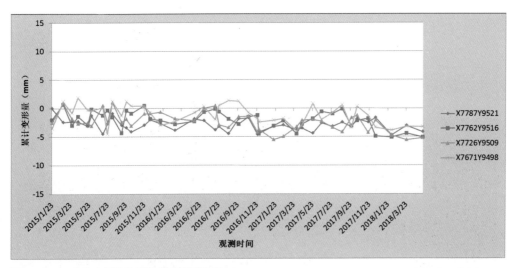

图 4−12　C 水库主坝体典型监测点变形序列

在 2013 年 11 月至 2016 年 10 月期间，C 水库 1 号副坝体监测点变形速率介于 −2~2 mm/a 之间，整体表现较为平稳。从 1 号副坝体不同位置选取了 4 个典型监测点进行变形序列分析，对应的累计变形量分别为 −0.4 mm、−3.2 mm、−2.8 mm、−0.8 mm，变形序列结果如图 4−13 所示。

在 2013 年 11 月至 2016 年 10 月期间，C 水库 2 号副坝体大部分监测点变形速率介于 −2~2 mm/a 之间。从 2 号副坝体不同位置选取了 4 个典型监测点进行变形序列分析，对应的累计变形量分别为 −1.0 mm、−1.9 mm、−6.8 mm、1.4 mm，变形序列结果如图 4−14 所示。其中监测点 X7295Y9413 位于 2 号副坝体背水面，其累计变形量为 −6.8 mm。

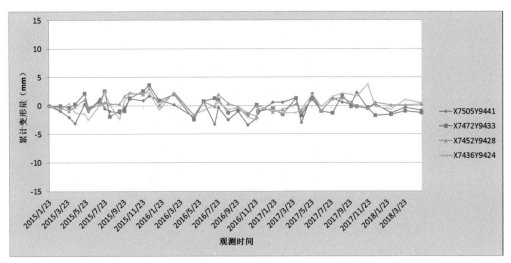

图 4-13　C 水库 1 号副坝体典型监测点变形序列

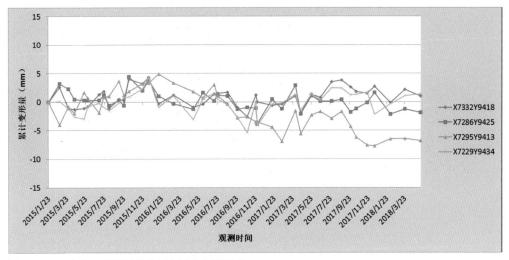

图 4-14　C 水库 2 号副坝体典型监测点变形序列

4.3.2　TerraSAR-X 卫星监测结果

项目组采用 TerraSAR-X 数据对 C 水库坝体及基础设施开展沉降监测，数据的覆盖时间范围为 2013 年 11 月至 2016 年 10 月。考虑到主坝体表面后向散射强度较弱的特点，项目组采用融合永久散射体和同分布散射体的干涉测量技术对 SAR 影像序列进行变形分析，获取的变形监测结果如图 4-15 所示。

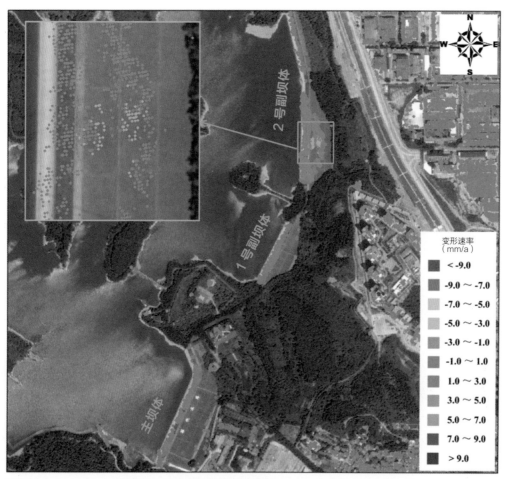

图 4-15　TerraSAR-X 获取的 C 水库水务设施变形速率

　　TerraSAR 影像可在 C 水库主坝体及其周边设施表面获取较多的监测点，用于变形监测分析。经统计，在 C 水库坝体及周边位置共获取监测点 2594 个。

　　在 2013 年 11 月至 2016 年 10 月期间，C 水库主坝体监测点变形速率介于 −3~2 mm/a 之间，整体表现较为平稳。项目组从主坝体的不同位置选取了 4 个典型监测点进行变形序列分析，对应的累计变形量分别为 −3.3 mm、−7.4 mm、−5.7 mm、−3.8 mm，变形序列结果如图 4-16 所示。

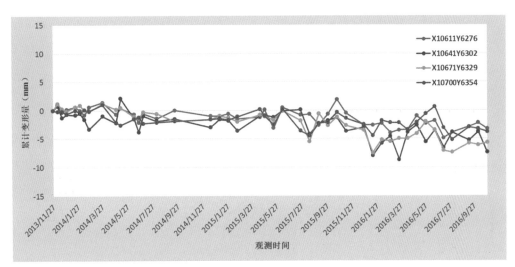

图 4-16　C 水库主坝体典型监测点变形序列

在 2013 年 11 月至 2016 年 10 月期间，C 水库 1 号副坝体监测点变形速率介于 −2~2 mm/a 之间，整体表现较为平稳。项目组从 1 号副坝体不同位置选取了 4 个典型监测点进行变形序列分析，对应的累计变形量分别为 −0.4 mm、−3.2 mm、−2.8 mm、−0.8 mm，变形序列结果如图 4-17 所示。

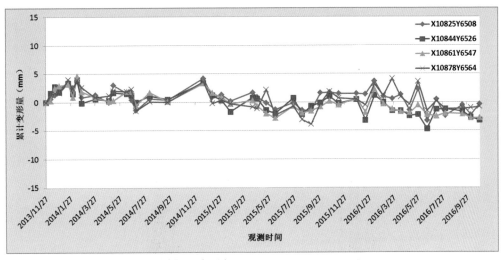

图 4-17　C 水库 1 号副坝体典型监测点变形序列

在 2013 年 11 月至 2016 年 10 月期间，C 水库 2 号副坝体大部分监测点变形速率介于 −2~2 mm/a 之间。项目组从 2 号副坝体不同位置选取了 4 个典型监测点进行变形序列分析，对应的累计变形量分别为 −3.9 mm、−11.3 mm、−3.6 mm、−1.4 mm，变形序列结果如图 4−18 所示。其中监测点 X10993Y6644 位于 2 号副坝体背水面，其累计变形量为 −11.3 mm。参考土石坝风险等级划分标准可知，2 号副坝体风险等级为"关注"。

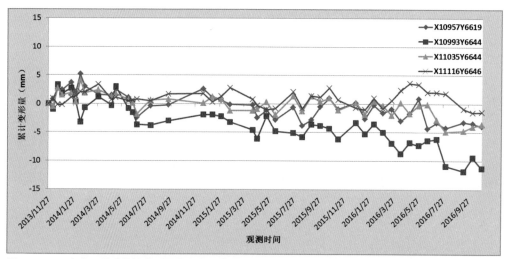

图 4−18　C 水库 2 号副坝体典型监测点变形序列

C 水库基础设施监测点变形速率和累计变形量统计情况如图 4−19 所示。经分析可知，99.0% 的监测点变形速率介于 −3~1 mm/a 之间，78.0% 的监测点累计变形量介于 −6~6 mm 之间，12 个监测点的累计变形量超过 −10 mm，主要位于 2 号副坝体背水面位置。

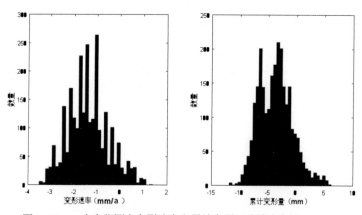

图 4−19　C 水库监测点变形速率和累计变形量统计直方图

4.4 西海堤 InSAR 监测

项目组分别采用 COSMO-SkyMed 和 Sentinel-1 卫星数据对西海堤机场堤段开展沉降监测，其中 COSMO-SkyMed 数据的覆盖时间段为 2016 年 8 月至 2018 年 2 月，Sentinel-1 数据的覆盖时间段为 2016 年 5 月至 2018 年 3 月。考虑到海堤表面后向散射强度较弱的特点，项目组采用融合永久散射体和同分布散射体的干涉测量技术对 SAR 影像序列进行变形分析，获取的变形监测结果如下。

4.4.1 COSMO-SkyMed 卫星监测结果

图 4-20 为利用升轨 COSMO-SkyMed 数据获取的机场堤段于 2016 年 8 月至 2018 年 3 月期间的线性变形速率。

图 4-20 升轨影像获取的西海堤机场堤段变形速率

通过分析监测点的分布情况可知，升轨 SAR 影像在西海堤机场堤段可获取大量的监测点，可用于海堤及周围建筑物的变形分析。

在 2016 年 8 月至 2018 年 2 月期间进行了 17 次 InSAR 变形测量。经统计，在监测期间西海堤机场堤段沿线共获取监测点 5561 个。为了对海堤每段区域的变形情况进行更好的说明，项目中沿海堤线路每隔 15 m 提取一个监测块（长 15 m× 宽 30 m），并对块内的所有监测点进行统计分析，获取变形量的平均值和累计变形量。海堤线路共分为 715 块，包含监测点的有效监测块为 619 个。

沿西海堤机场堤段选取了空间位置分布较为均匀的 8 个典型监测块，分别标识为 A、B、C、D、E、F、G、H，并对其进行变形时间序列分析，监测块位置如图 4-21 所示。

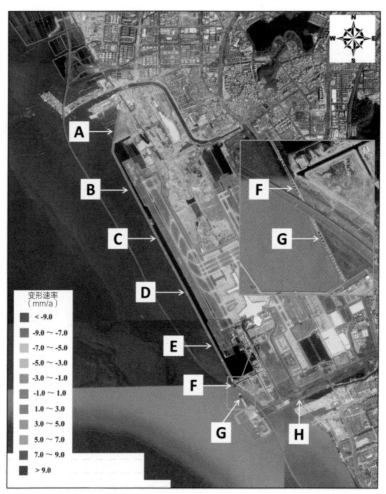

图 4-21　所选取监测块位置示意

8 个典型监测块在 2016 年 8 月至 2018 年 2 月期间变形时间序列如图 4-22 所示。

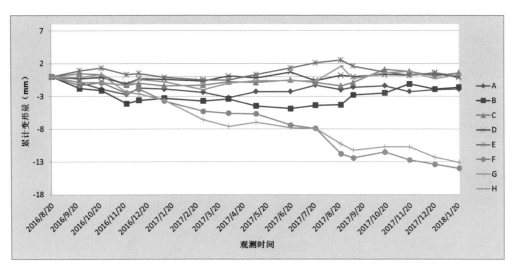

图 4-22　8 个典型监测块在雷达视线方向的变形时间序列

在 2016 年 8 月至 2018 年 3 月期间，A 至 H 监测块在雷达视线方向的累计变形量分别为 -1.9 mm、-1.6 mm、0.6 mm、-0.1 mm、0.1 mm、-14.0 mm、-13.1 mm、0.3 mm。分析监测数据可知，典型监测块沉降量存在差异，表现为不均匀沉降；A 至 E 和 H 监测块所处位置在监测期间较为平稳，其在雷达视线方向的累计变形量基本处于 -5 mm 以内；F、G 监测块在监测期间的累计变形量较大，均超过 -13 mm，且呈现线性变形趋势，两点变形速率分别为 -10.5 mm/a、-9.6 mm/a，后期需要进行持续观测。

西海堤机场堤段监测块的变形速率、累计变形量统计情况如图 4-23 所示。

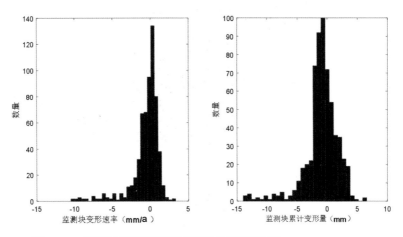

图 4-23　监测块变形速率和累积变形量统计直方图

分析观测数据可知，监测块在 2016 年 8 月至 2018 年 2 月期间存在不同程度的沉降；91.7% 的监测块变形速率处于 −3~3 mm/a 之间；有两个监测块变形速率超过 −10 mm/a，分别为 468 号和 469 号。93.7% 的监测块累计变形量处于 −5~5 mm 之间；14 个监测块的累计变形量超过 −10 mm；4 个监测块的累计变形量超过 −13 mm，分别为 468 号、469 号、470 号和 487 号。

为了对西海堤机场堤段风险情况进行全面的了解，项目组基于监测块累计变形量对西海堤机场堤段沿线风险进行了等级划分。分析监测块风险等级可知，西海堤机场堤段风险等级均为"无需关注"。但是考虑到 465 号至 489 号监测块区域变形速率较大，且表现为线性，须引起相关部门的重视。

4.4.2　Sentinel-1 卫星监测结果

图 4-24 为利用 Sentinel-1 卫星影像数据获取的机场堤段于 2016 年 5 月至 2018 年 3 月期间的线性变形速率。分析监测点的分布情况可知，Sentinel-1 影像在西海堤机场堤段可获取大量的监测点，可用于海堤及周围建筑物的变形分析。

图 4-24　Sentinel-1 影像获取的机场堤段变形速率

在 2016 年 5 月 4 日至 2018 年 3 月 7 日期间进行了 49 次 InSAR 变形测量。经统计，在监测期间 Sentinel-1 影像在西海堤机场堤段沿线共获取监测点 1383 个。为了对海堤每段区域的变形情况进行更好的说明，项目中沿海堤线路每隔 15 m 提取一个监测块（长 15 m× 宽 30 m），并对块内的所有监测点进行统计分析，获取变形量的平均值和累计变形量。海堤线路共分为 715 块，包含监测点的有效监测块数量为 528 个。

沿西海堤机场地段选取了空间位置分布较为均匀的 8 个典型监测块，分别标识为 A、B、C、D、E、F、G、H，并对其进行变形时间序列分析，监测块位置如图 4-25 所示。

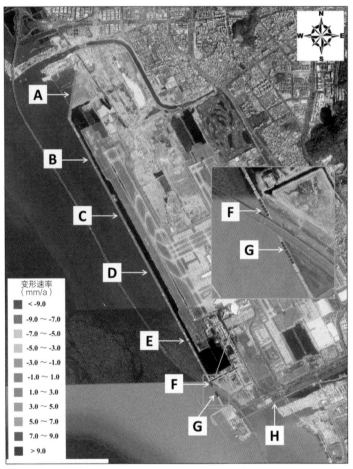

图 4-25　所选取监测块位置示意

8 个典型监测块在 2016 年 8 月至 2018 年 3 月期间变形时间序列如图 4-26 所示。

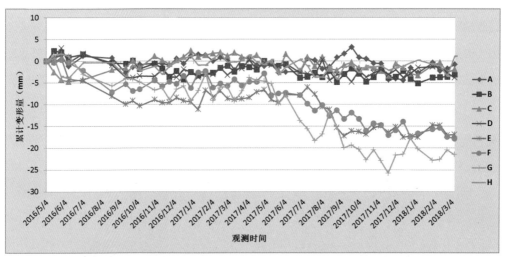

图 4-26　8 个典型监测块在雷达视线方向的变形时间序列

在 2016 年 5 月至 2018 年 3 月期间，A 至 H 监测块在雷达视线方向的累计变形量分别为 -0.8 mm、-3.1 mm、-1.9 mm、-3.8 mm、-16.9 mm、-17.8 mm、-21.5 mm、1.1 mm。经分析监测数据可知，典型监测块沉降量存在差异，表现为不均匀沉降；A 至 D 和 H 监测块所处位置在监测期间较为平稳，其在雷达视线方向的累计变形量基本处于 -5 mm 以内；E、F、G 监测块在监测期间的累计变形量较大，均超过 -16 mm，其中 G 点累计变形量最大（-21.5 mm），后期需要进行持续观测。

西海堤机场堤段监测块变形速率和累计变形量统计情况如图 4-27 所示。

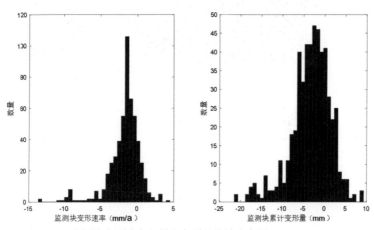

图 4-27　监测块变形速率和累积变形量统计直方图

经分析观测数据可知，监测块在 2016 年 5 月至 2018 年 3 月期间存在不同程度的沉降；88.3% 的监测块变形速率处于 −4~2 mm/a 之间；4 个监测块变形速率超过 −10 mm/a，分别为 472 号、482 号、483 号、487 号。81.1% 的监测块累计变形量处于 −7~5 mm 之间；15 个监测块的累计变形量超过 −15 mm；两个监测块的累计变形量超过 −20 mm，分别为 482 号和 483 号。

为了对西海堤机场堤段风险情况进行全面的了解，项目组基于监测块累计变形量对西海堤机场堤段沿线风险进行了等级划分。分析监测块风险等级可知，西海堤机场堤段共有 15 个监测块风险等级为"关注"，主要分布在机场堤段南侧（467 号至 472 号和 482 号至 487 号），其余监测块风险等级为"无需关注"。

4.5　北江大堤 InSAR 监测

广东北江大堤位于北江左岸，跨清远、三水、南海，全长 63.34 km，堤坝高 8~11 m，宽约 10 m，堤底宽 60~80 m，担负着保卫广州市、佛山市及其邻县的重任。由于运行时间、坝基地质环境等多重因素影响，堤坝每年汛期都会出现不同程度的渗漏、涌砂等现象，堤身湿润，堤脚"牛皮涨"，个别堤段还出现堤身沉陷现象。

考虑到北江大堤的安全隐患问题，团队尝试采用 Sentinel-1 卫星影像数据获取北江大堤的沉降情况。图 4-28 为利用 Sentinel-1 卫星影像数据获取的珠江上游北江大

图 4-28　北江大堤 InSAR 监测结果（2017 年 7 月至 2018 年 7 月）

堤于 2017 年 7 月至 2018 年 7 月期间的线性变形速率。分析监测点的分布情况可知，Sentinel-1 影像可在北江大堤表面获取大量的监测点，用于北江大堤的安全性分析。

经分析监测结果可知，北江大堤部分位置在监测时间段内存在明显的沉降现象，沉降速率超过 9 mm/a。利用 InSAR 技术获取的大范围变形监测结果，可实现对北江大堤沉降隐患点的识别，为北江大堤的安全性评估提供数据支撑。

4.6 溃坝事故的 InSAR 追溯分析

2018 年 7 月 23 日 20 时左右，位于老挝南部地区的桑片－桑南内（Xe-Pian Xe-Namnoy 共有 3 座大坝、5 座副坝等，下文提到的 Xe-Namnoy 是其中一座大坝）水电站工程发生溃坝事件，Xe-Namnoy 水库（总库容 $1.04 \times 10^9 \mathrm{m}^3$）坝高 16 m 的 D 副坝溃决，溃坝洪水淹没了老挝南部阿速坡省（Attapeu）沙南赛县（Sanamxay）地区数个村庄。截至 7 月 27 日，溃坝洪水造成 28 人死亡，130 多人失踪，6600 多人流离失所。

此次发生溃决事故的大坝是位于 Xe-Namnoy 水库西南侧的 D 副坝（Saddle Dam D），其位置如图 4-29 所示。D 副坝坝型为土坝，坝高 16 m，坝轴线长 770 m，坝顶宽 8 m。根据相关报道，2018 年 7 月 20 日，D 副坝中部出现 11 cm 沉陷。

图 4-29　Xe-Namnoy 水库 D 副坝位置示意

事故发生后，项目组从欧洲空间局网站获取了 2018 年 1 月 2 日至 7 月 13 日的 17 景数据，采用时间序列 InSAR 分析技术，获取 D 副坝在溃坝发生前的表面变形情况，获取的变形速率如图 4-30 所示。

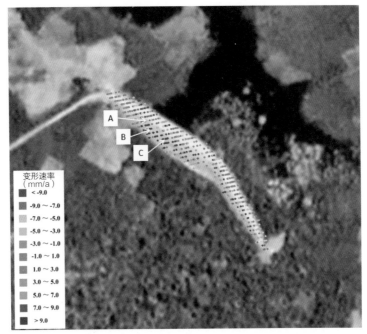

图 4-30　D 副坝变形速率（2018 年 1 月 2 日至 7 月 13 日）

经分析监测结果可知，D 副坝表面在监测时间内存在明显的变形，在雷达视线方向的变形速率超过 −9 mm/a。选取 3 个典型特征点（A、B、C）的变形序列进行分析，变形序列如图 4-31 所示。发现 3 个监测点在 2018 年 6 月 2 日之前变形量较小，之后出现了加速变形现象，其中 A 点累计变形量为 −25.9 mm。

InSAR 监测结果表明事发一个多月前大坝部分区域已发生加速变形。

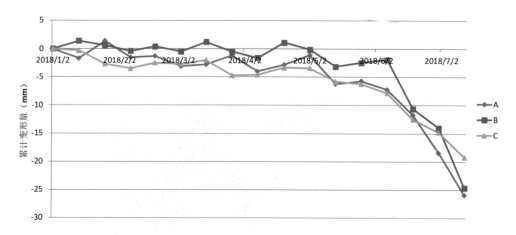

图 4-31　典型监测点变形序列

4.7　土石坝 InSAR 监测应用总结

土石坝（堤防）InSAR 监测应用案例表明，高分辨率 SAR 影像能用来提取坝面变形场，为水库大坝安全管理提供充分的安全监测信息。InSAR 技术在使用过程中应根据监测区的实际情况来进行 SAR 影像数据的选择以及 InSAR 数据处理算法的选取，具体如下：

（1）SAR 影像数据选择应充分考虑水库大坝的表面材质、走向、坡度等特征参数，以及 SAR 卫星与监测对象之间的相对几何关系。

水泥面板：建议选择 X 波段或 C 波段卫星影像数据；极化方式选择 VV 极化较好；选择局部入射角较小的卫星影像较好。

坝后坡草坪：建议选择 C 波段卫星影像数据，如果采用 X 波段卫星影像数据，建议加装角反射器装置；选择局部入射角较小的卫星影像。

排水棱体：建议选择 X 波段或 C 波段卫星影像数据。

库岸边坡：对于表面裸露的边坡，建议选择 X 波段或 C 波段卫星影像数据；对于表面植被较多的边坡，建议选择 C 波段或 L 波段卫星影像数据；建议选择局部入射角较大的卫星影像。

（2）InSAR 数据处理算法的选取应考虑影像数量、地表雷达散射特征、地表失相干等情况。在 SAR 影像数量较少的情况下，可使用 D-InSAR 数据处理方法。如果影像数量较多（大于或等于 10 景），可选用时间序列 InSAR 数据处理方法。若坝体表面安装有角反射器装置，可选用角反射器干涉测量数据处理算法。

（3）关于角反射器的选取，建议选择支持升降轨雷达卫星同步观测的角反射器装置，具体尺寸可根据计算角反射器在 SAR 影像中的雷达散射截面来确定。

（4）InSAR 监测可用于溃坝、滑坡、泥石流等灾害的事后追溯分析，对于不幸发生的灾害事故，可以追溯其原因，对于从事故中总结吸取教训，以免再次发生类似事故有着重要的作用。

此外，InSAR 监测结果的精度和雷达卫星类型、InSAR 数据算法、与基准点间距等因素相关。

第 5 章　GNSS 变形监测技术

5.1　北斗卫星的前世今生

5.1.1　北斗简介

全球导航卫星系统（Global Navigation Satellite System，GNSS）包括全球星座、区域星座及相关的星基增强系统（SBAS）。全球星座系统有美国的 GPS、俄罗斯的 GLONASS、中国的北斗及欧盟的 Galileo，区域星座和增强系统有美国的 WAAS、欧洲的 EGNOS、俄罗斯的 SDCM、日本的 QZSS 与 MSAS、印度的 IRNSS 等[39]。GNSS 又称天基 PNT（Positioning, Navigation and Timing）系统，其关键作用是提供时间、空间基准以及与位置相关的实时动态信息，已经成为国家重大空间和信息化基础设施，也是体现现代化大国地位和国家综合实力的重要标志，在国家安全和社会经济发展中有着不可替代的重要作用。

GPS 系统是由美国国防部开发研制的卫星导航定位系统，于 1973 年 12 月完成了 24 颗卫星组网工作，于 1975 年 4 月 27 日达到了完全运营能力，卫星星座包括 6 个轨道面，每个轨道面上均匀分布着至少 4 颗卫星，卫星高度 20 200 km，轨道倾角约 55°，为美国军事部门以及全球民用用户提供定位、授时和导航功能[40]。GLONASS 由苏联于 20 世纪 70 年代启动建设，于 20 世纪 90 年代中期正常运行，卫星分布在 3 个近圆轨道面上，卫星高度 19 100km，轨道倾角 64.8°，通过频分多址的方式来区别不同的卫星[40]。Galileo 系统是欧盟和大企业共建系统[40]，卫星星座共有 30 颗卫星，分布于 3 个轨道面上，卫星高度 23 200 km，轨道倾角 56°。北斗系统即北斗导航卫星系统（BeiDou Navigation Satellite System, 简称 BDS），是我国自主研发的全球导航卫星系统[41]，卫星星座设计为 27 颗 MEO 卫星、3 颗 IGSO 卫星和 5 颗 GEO 卫星。

5.1.2　为什么还要发展北斗

目前，GPS 在导航市场所占份额最大，性能也在不断地完善，但这终究是"他山之石"，若出现突发情况，可随时关闭，这将使我国受制于人。因而打破这种被动局面十分有必要，无论从政治战略还是经济效益、社会发展等角度分析，我国都必须要拥有自己的卫星导航系统。事实上，目前各大工业国都在紧锣密鼓地计划实施或完善自己的卫星导航系统。

发展北斗卫星导航系统，有利于保障公民利益，维护国家安全。最让国人意识到迫切需要有自己的导航系统的是由于"银河号事件"的发生。1993 年 7 月 23 日，美国单方面宣称我国"银河号"货轮装有化学武器，并以此为由关闭了 GPS 导航系统，迫使其停止航行。因此，我国必须尽快建立自己的导航系统，才能更有力地保障公民利益。同时，随着全球化进展的不断深入，战争正往多兵种、跨地域作战方向发展，这必须依赖于卫星导航系统，从而提高武器智能化水平，若没有自己的卫星导航系统，将在突发战争中受制于人，威胁国家安全。

发展北斗卫星导航系统，有利于推动经济社会发展，有利于打造重大自然灾害抢险救灾生命线。我国是个多地质灾害、多气象灾害的国家，单 2018 年各类自然灾害就造成全国 1.3 亿人次受灾，损失巨大。当台风、海啸等自然灾害袭来时，卫星导航系统可将人员位置、灾害位置等信息及时发送出来，以便救援人员及时开展救援工作，减少损失。基于北斗卫星导航系统开发的产品应用也将发挥越来越重要的作用，例如在我国水利大坝监测领域，至 2018 年底，全国成功使用 GNSS 自动化监测技术的水库不超过 50 例，且在前期多使用国外设备，若大部分水利大坝建立自动化监测设施，将产生巨大的社会效益、经济效益。

发展北斗卫星导航系统，可彰显我国作为航天技术先进国家履行国际责任的大国形象。北斗卫星导航系统的发展，有利于维护及拓展我国空间轨道及频率资源，对于建立太空强国具有重要的战略意义。北斗卫星导航系统所服务的范围面向全球，它不仅是中国的，也是世界的。北斗卫星导航系统的建设，新开发增加了导航频率资源，为人类社会开辟了新的发展空间。同时，北斗卫星导航系统的建设，促进了全球航天领域的竞争与合作，推动了卫星导航系统的共同发展。

5.1.3　北斗发展历程

北斗卫星导航系统是我国着眼于国家安全和经济社会发展需要，自主建设、独立运行的卫星导航系统，是为全球用户提供全天候、全天时、高精度的定位、导航和授时服务的国家重要空间基础设施。随着北斗系统建设和服务能力的发展，相关产品已广泛应用于交通运输、气象预报、测绘地理信息、通信时统、电力调度、救灾减灾、应急搜救等领域，

逐步渗透到人类社会生产和生活的方方面面，为全球经济和社会发展注入新的活力。图5-1
为北斗标志图案。

图5-1　北斗标志图案

自20世纪起，中国便开始探索适合国情的卫星导航系统发展道路，在不断地学习、摸索与突破中，形成了"三步走"发展战略：第一步，自1994年启动北斗卫星导航系统建设，至2000年底，建成北斗一号系统，形成区域有源服务能力；第二步，至2012年底，建成北斗二号系统，具备覆盖亚太大部分地区无源定位服务能力；第三步，在2020年，建成北斗三号系统，具备向全球提供无源定位服务能力。2020年7月31日，习近平总书记向世界宣布北斗三号全球卫星导航系统正式开通，标志着北斗"三步走"发展战略圆满完成，北斗迈进全球服务新时代。北斗"三步走"发展战略如图5-2所示。

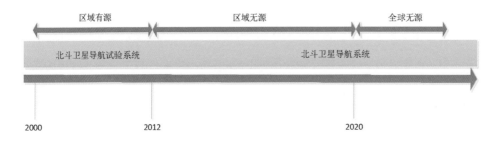

图5-2　北斗"三步走"发展战略

5.2　GNSS定位原理

5.2.1　基本原理

目前民用GNSS定位中通常会同时采用北斗、GPS等多系统技术。

在 GNSS 定位中，把高速运动的卫星作为已知位置的空间点，其位置可由卫星星历查询得知，用户通过专用接收机捕获卫星信号并跟踪，从而计算出卫星与用户的距离，然后利用空间距离后方交会的方法确定待测点的位置。理论上，已知三个卫星 S1、S2、S3 的空间位置，以及待测点 P 到卫星 S1、S2、S3 的距离 d1、d2、d3，即可推算 P 点位于以 S1、S2、S3 为球心，距离 d1、d2、d3 为半径的圆球交会点上，实现定位。

实际上，距离长度的测量是通过测量电磁波从卫星传输至待测点 P 的传播时间间接获得的。卫星采用的是原子钟，而接收机采用的是石英钟，两者稳定性存在较大差异，导致 GNSS 卫星时钟与接收机时钟难以做到严格同步，因此 GPS 标准时间与接收机时间之间的偏差是未知的。在定位过程中需额外引入 1 个钟差变量，因此 GNSS 定位必须通过观测至少 4 颗卫星才能得出用户位置。GNSS 定位原理如图 5-3 所示。

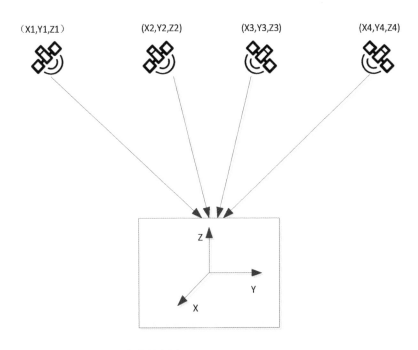

图 5-3　GNSS 定位基本原理

GNSS 技术利用测距码及载波实现测距，对应的观测值为伪距观测值和载波相位观测值。

伪距观测值由卫星信号的接收时间与信号发射时间之间的差值与光速相乘而得。称之为"伪距"，是因为受卫星时钟、接收机时钟钟差影响，以及信号经过电离层、对流层会发生延迟，使得测得的卫星与用户的距离并非它们之间真正的几何距离。

载波相位观测原理是接收机在接收卫星信号的同时，自身也复制载波信号，通过对比接收的载波信号与自身产生的载波信号的相位差，即可求得接收机与卫星间的距离。由于载波的波长远远小于码的波长，一般观测误差为码元宽度或载波波长的 1%，以 GPS 卫星所发送的码及载波信号为例，粗码 C/A 码码元宽度 293 m，精码 P 码码元宽度 29.3 m，载波 L1 波长 19.03 cm，载波 L2 波长 24.42 cm，在分辨率相同的情况下，C/A 码、P 码的观测误差分别约为 2.93 m 和 0.29 m，而载波 L1、L2 的观测误差分别约为 2.0 mm、2.5 mm。载波相位观测可实现更加精确的定位，但需要一定时段的观测，而伪距观测能够快速定位，但定位精度较低。

按照定位方式的不同，GNSS 定位分为绝对定位和相对定位。绝对定位也叫"单点定位"，是指单独利用一台接收机确定待定点在与所用星历同属一坐标系中的绝对位置的方法，它的基本原理是以 GNSS 卫星和用户接收机天线之间的距离观测量为基础，根据已知的卫星瞬时坐标来确定接收机天线的位置。

5.2.2　相对定位

GNSS 测量不可避免地会受到观测误差的影响，从而影响定位精度。通常按误差的来源又可将其分为与卫星有关的误差、与卫星信号传播有关的误差和与信号接收机有关的误差。与卫星有关的误差有卫星钟差、卫星星历误差、相对论效应、美国 SA 和 AS 政策带来的误差等；与信号传播有关的误差有电离层延迟、对流层延迟、多路径效应等；与接收机有关的误差有天线相位中心误差、接收机内部噪声、接收机钟差等。受上述误差的影响，一般导航定位的精度为 5 ~ 10 m。要想实现厘米级、毫米级等更高精度的定位，必须采用误差消除手段，相对定位就是一种常见手段。

相对定位也叫"差分定位"，是至少利用两台北斗接收机，同步观测相同的卫星，确定两台接收机天线之间的相对位置，再取坐标差的方法。相对定位是目前 GNSS 定位中精度最高的定位方法。根据定位时接收机天线的运动状态可将 GNSS 定位分为静态定位和动态定位。静态定位是指对于固定的待定点，将 GNSS 接收机安置于其上，观测一段时间，进而确定该点的三维坐标；而动态定位则至少有一台接收机处于运动状态，测定的是接收机瞬时的三维坐标。采用测量型接收机，实时动态相对定位一般精度可达厘米级，目前已广泛应用于工程测量等领域。采用静态相对定位技术时，观测精度可达毫米级。

在变形监测中，一般采用载波相位相对定位的原理（图 5-4），通过误差消除手段，实现毫米级精度的定位。这种监测方法是将两台北斗接收机分别安置在待测基线的两端，同步观测相同的卫星，通过两测站同步采集 GNSS 数据，经过数据处理以确定基线两端点的相对位置或三维空间向量。

图 5-4　相对定位原理

在相对定位中，两个或多个观测站同步观测同组卫星的情况下，卫星的轨道误差、卫星钟差、接收机钟差、电离层延迟、对流层延迟等误差，对观测量的影响具有一定的相关性。利用这些相关性，将观测量进行不同的线性组合，按照测站、卫星、历元三种要素来进行差分处理，可以大大削弱有关误差的影响，从而提高相对定位精度。

在大坝变形监测中，基准站与监测站的间距一般不超过 1 km，通过差分手段能消除绝大部分的观测误差。影响大坝变形监测观测精度的主要误差源为：接收机内部噪声、接收机天线相位中心误差、多路径效应和残余的电离层延迟、对流层延迟。通过采用数据处理方法，能消除误差影响，获取高精度变形监测成果。

5.3　GNSS 变形监测系统

5.3.1　系统结构

典型的 GNSS 变形监测系统由基准站和监测站、数据传输网络、数据中心以及配套的供电、防雷设施组成，如图 5-5 所示。

基准站和监测站实现监测数据的采集，GNSS 设备是基准站和监测站的核心组成，主要设备设施包括北斗接收机、北斗天线、观测墩等。

数据传输网络实现基准站、监测站和控制中心之间的数据通信，可采用有线、无线等多种数据传输方式，如光纤、4G、Wi-Fi 等。

数据中心用于实现数据采集控制、数据解算分析、数据管理等功能。主要设备及软件包括计算机、GNSS 信息采集与处理软件等。

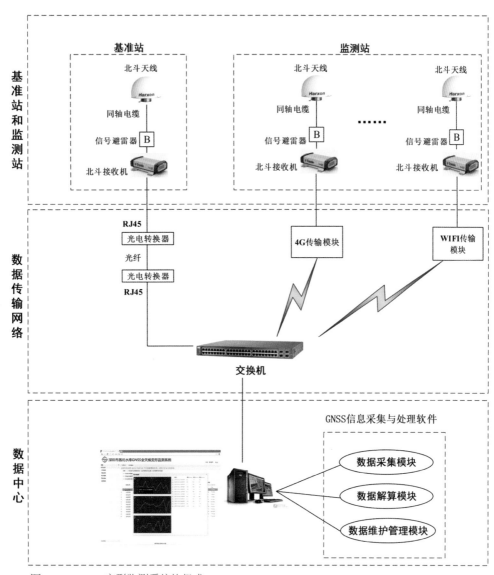

图 5-5　GNSS 变形监测系统的组成

5.3.2　基准站

1）站址要求

变形监测基准网由监测基准点组成，基准点是变形监测的起算基准，因此应布设在稳固可靠的位置。可根据工程布置和周边实际情况，在每座水库的大坝周边布设基准网。一般每座水库的监测基准网中的基准点数量不少于 3 个。基准点是整个系统变形监测的参考，为了维护基准网本身的稳定性，应将其埋设在不易发生变形的稳定位置。

在监测基准网中，选择至少一个基准点安装 GNSS 监测设备，形成监测基准站。考虑到卫星的通视情况，一般要求位于地面的基准站观测墩高于地面 2 m。基准站将作为变形监测系统的实时基准，除应满足基准点的一般要求外，还需满足下述 GNSS 观测条件：

（1）站址应选在基础坚实稳定、易于长期保存，并有利于安全作业的地方。

（2）站址周围应便于安置接收设备和方便作业，视野应开阔，视场内高度角不宜大于 10°，条件难以达到的地区要保证视场内高度角大于 10° 的障碍物遮挡角度累计不应超过 30°。

（3）站址与周围电视台、电台、微波站、通信基站、变电所等大功率无线电发射源的距离应大于 200 m，与高压输电线、微波通道的距离应大于 100 m。

（4）站址附近不应有大型建筑物、玻璃幕墙及大面积水域等强烈干扰接收机接收卫星信号的物体。

（5）站址应方便架设市电线路或具有可靠的电力供应，并应便于接入公共通信网络或专用通信网络。

（6）北斗建站条件的测试应连续进行 24 小时，并应对测试数据进行分析，其中数据有效率应高于 85%，多路径影响宜小于 0.45 m。

2）观测墩建设

GNSS 基准站观测墩的施工方式应根据站址位置的地质条件而定。

在基岩深度较浅的情况下，可采用开挖方式建设基岩观测墩，施工前首先清理基岩表面的风化层，然后向下开凿，并在开凿后的基岩面上打入钻眼，让钢筋笼下部插入基岩中，使之与基岩紧密接触。在基岩深度较深的情况下，可采用土层观测墩的形式，如图 5-6 所示。

图 5-6　GNSS 基准站观测墩

3）基准网观测及稳定性检测

系统建设时，进行监测基准网的初始观测，并每年进行一次复测以检验监测基准网的稳定性。观测精度宜满足《工程测量规范》（GB 50026—2007）中"二等"水平位移监测基准网的技术要求，观测方法可采用 GNSS 法、边角网法等。水平位移监测基准网的技术指标见表 5-1。

表 5-1　水平位移监测基准网测量技术要求

等级	相邻基准点的点位中误差（mm）	平均边长 L（m）	测角中误差（"）	测边相对中误差（"）	水平角观测回数	
					1" 级仪器	2" 级仪器
二等	3	≤ 400	1	≤ 1/200 000	9	—
	3	≤ 200	1.8	≤ 1/100 000	6	9

注：GNSS 水平位移监测基准网，不受测角中误差和水平角观测测回数指标的限制。

垂直位移基准网初始观测和复测均可采用水准测量法，利用高精度水准仪进行人工观测。复测时，应采用与初始观测相同的水准路线。观测精度应满足"二等"垂直位移监测基准网的技术要求。垂直位移监测基准网要求见表 5-2。

表 5-2　垂直位移监测基准网测量技术要求

等级	相邻基准点高差中误差（mm）	测站高差中误差（mm）	环线闭合差（mm）	视线长度（m）	前后视距差（m）	视距累计差（m）	视线高度（m）	基辅分划所测高差的较差（mm）
二等	±0.5	±0.15	≤ 0.3	≤ 30	≤ 0.5	≤ 1.5	≥ 0.3	≤ 0.4

5.3.3　监测站

GNSS 变形监测点的布置应满足《土石坝安全监测技术规范》（SL 551—2012）第 4.2.2 条。监测纵断面：一般不少于 4 个，在坝顶的上、下游两侧应布设 1 ~ 2 个；在上游坝坡正常蓄水位以上应布设 1 个；下游坝坡 1/2 坝高以上宜布设 1 ~ 3 个；1/2 坝高以下宜布设 1 ~ 2 个。监测横断面：应选在最大坝高或原河床处、合龙段、地形突变处、地质条件复杂处或可能异常处及坝内埋管；监测横断面间距，当坝轴线长度大于 300 m 时，宜取 50 ~ 100 m。

观测墩高度为 1.2 m，基础深度不少于 1 m。观测墩顶部安装强制对中底盘，并与观测墩主筋焊接。观测墩内部预埋接线管，包括仪器箱至墩顶天线电缆、仪器箱至墩底供电电缆和光缆。观测墩主筋应与防雷地网相连。GNSS 观测墩的外观如图 5-7 所示。

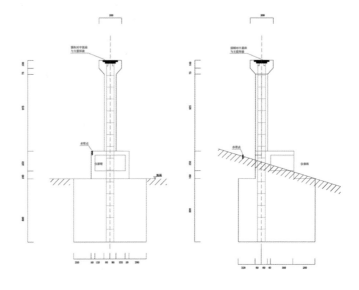

图 5-7　GNSS 观测墩样例

在监测点观测墩安装 GNSS 设备，形成 GNSS 监测站。

5.3.4　GNSS 设备

GNSS 设备通常包括接收机主机、天线、仪器箱等。安装时，采用连接螺栓将天线固定在观测墩顶部的强制对中底盘上，将接收机安装在仪器箱内部，接收机与天线之间采用天线电缆连接，如图 5-8 所示。供电设备、网络通信设备、防雷设备均安装在仪器箱中。在土石坝监测中选用天线时，一般选用扼流圈天线以抑制多路径误差对监测结果的干扰。随着 GNSS 监测设备的进步，集成 GNSS 抑径圈天线和主机的一体式监测接收机已逐步应用，未来可进一步降低设备制造和安装成本。

图 5-8　GNSS 监测墩现场

5.3.5　控制中心

控制中心一般部署于管理房内，主要设备及软件包括服务器、GNSS 信息采集与处理软件，用于接收、存储、处理和分析基准站与监测站的监测数据。

基准站和监测站北斗接收机回传的原始观测数据，需要经过相对定位数据处理之后才能获得毫米级精度的变形监测结果，因此需要采用 GNSS 信息采集与处理软件完成数据采集、格式转换、变形计算、数据存储等功能，并向用户展示变形监测成果。

5.4 北斗大坝监测应用研究

5.4.1 大坝监测专用北斗接收机研制

接收机是 GNSS 技术应用于水库坝体变形监测的关键设备，国内外许多公司和研究机构很早就开始对 GPS 接收机进行研发和制造。长期以来，国外 Leica、Trimble 等一些公司，全面掌握了高性能数字接收机技术，并研发了相应产品和大量应用。另外，如美国 Javad 公司、NavCom 公司以及加拿大 NovAtel 公司等的接收机或 OEM 板在导航和定位领域也有较广泛应用。

以往的 GPS 变形监测应用中，一般直接利用较常见的高精度大地测量型或全球卫星导航系统连续运行参考站（Continuously Operating Reference System，简称 CORS）型 GPS 接收机，由于长期以来高端市场和核心部件由国外厂商垄断，因此成本高昂。采用这种类型的接收机建设变形监测系统，需开展附加的供电网络、通信网络、防雷等设备安装和工程建设，增加了系统建设成本和建设工期，降低了系统可靠性。随着 GNSS 系统的建设，同类国产接收机及其核心部件的生产能力有了大幅提升，针对大坝监测研制接收机成为可能。

本书编写团队基于水利部公益性行业科研专项经费项目"北斗卫星实时监测水库群坝体变形技术研究"，探索了国产北斗接收机在毫米级精度变形监测领域的应用潜力，联合国产北斗接收机制造厂家试制了对应土石坝表面变形监测工况的北斗接收机。

基于典型 CORS 型北斗多模接收机的架构，采用高性能的 OEM 板卡，在集成中央处理模块、数据存储模块、电池电源模块、LED 模块等通用模块的基础上，进行扩展和改进。自行设计和开发基于 Wi-Fi 的接收机间自组网通信，实现 GNSS 多模数据在接收机间的中继转发和汇集，实现接收机和上位机之间的通信等。利用 4G 信号覆盖率高、数据传输快的优势，将接收机的 GPRS 模块升级到了 4G 模块。接收机天线接口采用通用的电器工程接口，考虑到防雷要求，在接收机天线电缆线路、电源线路上集成了避雷器。

利用已有的 ARM 嵌入式软件以及嵌入式开发系统平台，开发适用于有线传输和无线传输的北斗多模数据的数据采集、数据传输、接收机状态监控、接收机参数配置等程序，实现变形监测专用北斗接收机的在线采集、网络传输、网络监控、远程管理和在线升级等功能。

将以上软硬件设备集成后，加装接收机外壳与多种接口，进行电器功能方面的测试，达到指标后提交野外功能测试。通过野外测试的结果，进行软硬件、集成设备的改造与完善。

1）接收机硬件设计

监测接收机设计，主要是将以太网链路、Wi-Fi 或 4G 数据链路所获取的差分数据，以及北斗板卡获取的观测数据，通过网口定向转发给 ARM 处理器组进行数据处理与分析，将观测信息与监测信息通过以太网络实时回传至数据中心，实现北斗多模数据的输出、远程控制管理等。接收机主要硬件包括 AM335X Linux 主板、GNSS OEM 板、电源模块、存储模块、HUB、RS232 接口、RJ45 网口、Mini USB 接口、SIM 卡口、TF 卡口、3 个天线接口、电源接口、电池、指示灯及按键等。早期的大坝监测型北斗接收机的外形如图 5-9 所示。

主机机壳使用铝合金型材设计，机壳表面使用喷粉工艺，能够有效防止在使用中因划痕导致生锈等情况的发生。前面板使用 PV 材质的塑胶面板，能够有效保护按键及屏幕，具有良好的防水性能和物理伤害保护性能。OLED 屏幕使用亚克力面板进行保护。

图 5-9　北斗接收机外形

接收机各模块通过电路连接，集成布控在主板上；各功能接口、指示灯及按键通过通信线连接在主板上。主要硬件整体模块如图 5-10 所示。

项目组北斗多模接收机可以细化为以下几个硬件模块：GNSS 天线接收模块、串口通信模块、Wi-Fi 通信模块、4G 通信模块、中央处理器模块（包括 AM335 Linux 主板、GNSS OEM 板等）、供电模块、数据存储模块、指示灯及按键开关等。

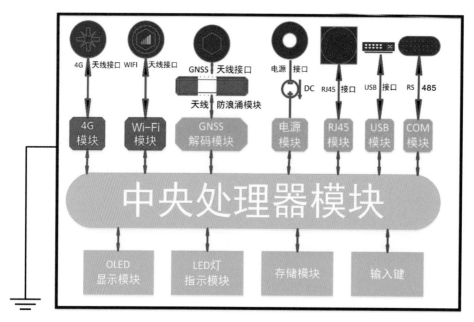

图 5-10　北斗接收机硬件架构

接收机内部嵌入式软件与硬件配合的部分有：中央处理器模块、4G 模块、Wi-Fi 模块、GNSS 解码模块、电源模块、RJ45 模块、USB 模块、COM 模块、OLED 显示模块、LED 灯指示模块、存储模块、输入键等。

通过集成 Wi-Fi 通信模块和自组网通信技术，实现了坝面接收机间远距离通信；进而开发机载变形监测数据处理程序，实现了接收机的变形数据处理，直接输出变形量成果；通过改进 COM 通信模块，支持接入 RS232 传感器实现渗流压力、渗流量、应力应变等测读采集，可替代 MCU 测控装置。

2）接收机的改进设计

分体式大坝监测 GNSS 接收机借助集成 Wi-Fi 通信模块、4G 通信模块、防雷模块的功能，相对于以往的 CORS 型接收机能更好地适应大坝监测应用场景，但仍然存在接收机功耗较高、硬件成本偏高等缺点。为了进一步适应大坝监测应用场景，开发了新一代大坝监测专用北斗接收机，如图 5-11 所示。

作为第二代大坝监测专用北斗接收机，采用无线自组网、自解算和定时休眠技术，实

图 5-11　一体式北斗监测接收机

现低功耗定时监测与在线应急监测的无缝衔接，其特点有：内置抑径圈北斗天线，有效降低多路径误差；具备定时休眠功能，有效降低功耗；支持 4G、蓝牙，支持 Wi-Fi 自组网；Wi-Fi 自组网通信间距达 300 m；内置高精度基线解算，可将 GNSS 数据处理由服务器前置到接收机完成，直接输出毫米级精度北斗变形量；具备 RS485 串口通信接口，可扩展接入水工传感器，替代坝面数据采集 MCU 测读传感器数据。

5.4.2　GNSS 高精度数据处理研究

利用 GNSS 数据开展高精度的变形监测，需要分析北斗与 GPS 在星座、信号等方面的差异，进而采取合适的策略开展数据处理和解算工作。与此同时，北斗多模数据的融合处理将大大增强变形监测结果的可靠性和稳健性，而如何在观测值层面开展数据融合处理则是项目需要解决的难点。

为了获取土石坝表面毫米级精度的准实时 GNSS 变形监测结果，需要基础稳定的基准站作为参考站，采用差分相对定位模式进行数据处理和解算。目前，采用该模式解算 1 ~ 4 小时观测时段的 1 km 以内的短基线可以去除大部分误差项，使得基线解算精度达到 1 ~ 3 mm。但是，残余的小周跳、多路径效应以及大气效应等还是会给结果带来误差影响，如何在时段解中消除这些误差影响，以及如何设计合理的融合数据处理方法，是 GNSS 监测数据处理的重点。

高精度的 GNSS 监测数据处理通常需要从 GNSS 信号实时质量控制，以及载波相位观测值的周跳探测和修复、短基线差分处理误差建模和分析技术入手。在大坝监测实际工作中，多路径误差往往会对监测结果产生周期性影响，基于这一特性引入相应的数据处理模型可以更好地改善监测成果。

北斗导航系统存在地球同步轨道（GEO）、倾斜地球同步轨道（IGSO）、中轨道（MEO）三种不同轨道类型的卫星，其运动轨迹的周期性重复规律不同，进而也会对大坝监测产生不同的周期性影响。北斗导航系统的 GEO 卫星虽然活动范围小，但其多路径误差仍然具有很强的周期性及相关性；IGSO 卫星活动范围较大，但卫星多路径误差幅值也大于 GEO 卫星，多路径误差也具有较强的相关性；北斗导航系统的 MEO 卫星不同于 GPS 卫星，其轨道重复周期约为 7 个恒星日，多路径误差重复周期也是如此，而其多路径误差水平为三者中最大。三种北斗卫星的重复周期如图 5-12 所示。

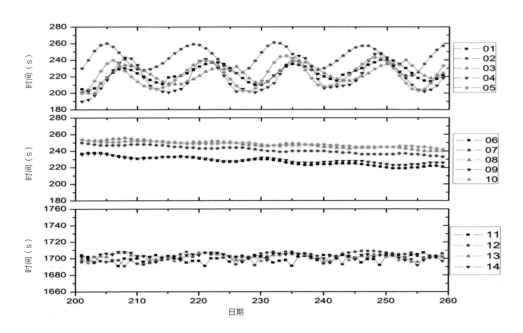

图 5-12　三种北斗卫星的轨道重复周期［GEO（上）、IGSO（中）和 MEO（下）］

基于卫星的特殊性，研究了基于卫星单差多路径模型的观测值域滤波改正方法，经观测值域单差恒星日滤波改正后，北（N）、东（E）和高（U）三个方向定位精度可提升30% 以上，与改正前相比有较大幅度提高。

试验中，采用了 2015 年第 249～252 天（第一天～第四天）连续 4 天的观测数据进行解算，图 5-13 为连续 3 天（第 250～252 天，即第二天～第四天）未改正多路径误差计算的坐标时间序列图。由于是短基线，因此坐标序列主要受多路径误差和测量噪声影响。

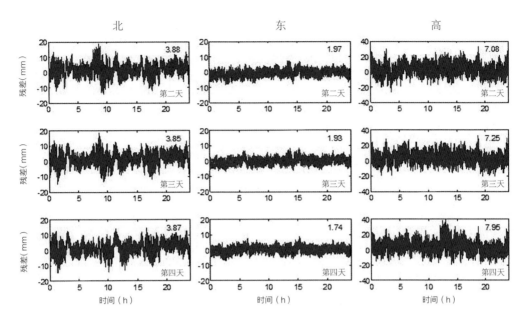

图 5-13　北斗数据观测值解算原始坐标序列［第二天（上）；第三天（中）；　第四天（下）；图中右上侧数字表示该坐标序列的 RMS 值］

　　采用单差观测值域滤波对北斗导航系统卫星进行多路径误差改正，以第一、第二天组合为例，先将第一天所有观测数据按静态数据处理模式固定所有卫星模糊度，然后计算最终坐标分量，最后将坐标参数和模糊度带回到每一个历元下每颗卫星的双差观测方程中，得到该卫星双差残差，将双差残差转换为单差残差，然后去噪即为该卫星单差多路径误差。在处理第二天数据时，根据每颗卫星轨道延迟周期将前一天每颗卫星单差残差改正到当前观测值中（其中 MEO 卫星需要 7 天前的多路径误差模型），即为剔除多路径误差后"干净"的观测值，然后像处理第一天数据模式一样得到最终消掉多路径误差后的坐标序列。图 5-14 为采用观测值域滤波法对北斗导航系统卫星多路径误差改正后的坐标时间序列。

　　北斗观测值经观测值域滤波多路径误差改正后三个方向坐标序列均较为平滑，残差均在 0 附近，以第一、第二天组合为例，消掉多路径误差后北、东、高三个方向 RMS 值分别达到 1.95 mm、1.37 mm 和 4.36 mm，与未改正前相比 RMS 值提高幅度分别为49%、30% 和 38%，且三种组合经观测值域滤波改正后的定位精度均大于按照传统坐标域滤波改正后的结果。

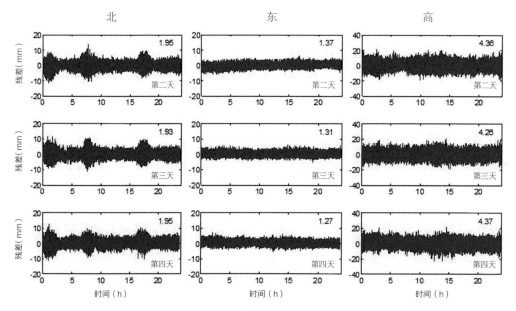

图 5-14　经单差多路径误差改正后的坐标序列［第二天（上）；第三天（中）；第四天（下）］

5.4.3　北斗卫星实时监测水库群坝体变形研究

本书编写团队于 2012 年起逐步探索 InSAR、北斗等新技术在土石坝安全监测中的应用，利用水利部公益性行业科研专项经费项目"北斗卫星实时监测水库群坝体变形技术研究"的成果，针对深圳土石坝表面变形监测的需求，对高精度测量型 CORS 接收机进行了相应的改进设计和集成创新，针对北斗数据的特点开发了高精度、短基线解算软件平台，尤其是在改进北斗多路径误差方面具有原创性，提出了建立城市毫米级精度北斗基准网的相关技术方法并进行了试验验证分析。项目突破的关键技术以及为产业化提供的成熟技术如下：

（1）研制的首款大坝监测专用北斗接收机：采用搭载自主研发技术的芯片及系统，首次集成 Wi-Fi 自组网技术和防雷技术，内置高精度基线解算，可扩展接入水工传感器。

（2）基于载波相位观测值域的北斗多路径误差改正模型：针对北斗星座特点，首次提出了分别针对 GEO、IGSO、MEO 的多路径误差改正模型和相应的综合数据处理方法，研发了北斗自动化变形监测软件，精度可以达到毫米级。

（3）城市毫米级北斗监测基准站网的构建方案：首次提出了构建城市北斗监测毫米

级精度基准站网并局部实现，率先提出了基于基准站网的在线应急监测，能快速部署形成实时、全天候监测系统。

（4）自主研发的土石坝北斗监测精度验证技术及设备：开发了土石坝北斗监测精度验证成套技术和专用检测装置，可应用于系统软硬件精度评估和建设质量全过程控制。

（5）北斗 InSAR 融合监测技术：将高时间分辨率的北斗监测和高空间分辨率的 InSAR 监测融合，形成了精准高效的监测模式。

第 6 章　GNSS 大坝监测应用探讨

6.1　某中型水库 GNSS 大坝监测系统

　　C 水库位于南方某市，水库建成于 1995 年，水库集雨面积 4.98 km²。作为 H 供水工程的终点和北线引水工程向 I 水库与 J 水库输水的重要转输水库，C 水库发挥着重要的供水调蓄作用。C 水库大坝由 1 座主坝和 4 座副坝组成，为均质土坝。C 水库主坝顶轴长 389.0 m，最大坝高 28.6 m，属中型水库。现有监测墩分 4 个纵断面布设，其中坝顶上游为 1 个纵断面，下游为 3 个纵断面，共有监测墩 19 个。

　　2015 年 8 月，该市水务部门在 C 水库建成了首个集成北斗、GPS 技术的土石坝 GNSS 监测系统。

6.1.1　系统功能设计

　　C 水库主坝表面 GNSS 自动化变形监测系统采用北斗和 GPS 定位技术，结合网络通信技术和计算机技术，实现主坝外部水平位移及垂直位移监测数据自动采集、自动处理和实时分析预警。系统的主要功能指标有：

　　（1）实时性：同时具备 5 分钟快速解和 4 小时精密解两种变形监测成果输出模式，快速解用于特殊情况下防汛抢险使用，精密解用于常规大坝变形分析。

　　（2）自动化：实现 C 水库主坝水平位移、垂直位移的自动化采集、处理、分析和预警；

　　（3）全天候：即使在雷电、暴雨等恶劣天气条件下也能正常运行。

　　（4）监测精度：系统每 4 小时输出一次监测结果，监测点的水平监测精度相对于基准点不大于 ±3 mm；系统 24 小时解水平监测精度不大于 ±3 mm，垂直位移监测精度不大于 ±3 mm。

　　（5）可拓展性：监测系统预留扩展接口、软件可兼容。

　　（6）故障应对：具有故障自动自检、自诊断功能；具备掉电保护功能；具有防雷及抗干扰功能。

6.1.2　系统总体设计

系统主要包括基准站和监测站、数据传输网络、控制中心和供电网络四个模块。基准站和监测站用于采集北斗卫星数据，主要设备有北斗接收机、北斗天线、观测墩以及其他配件，在主坝建设 1 个北斗基准站、12 个北斗监测站。数据传输网络实现基准站、监测站和控制中心之间的数据通信，采用光纤通信的方式，主要设备有通信光缆、光电转换器、交换机等。控制中心用于实现数据采集控制、数据解算分析、数据管理等功能，主要设备有计算机、北斗数据处理软件等。供电网络用于为北斗接收机、路由器、控制中心计算机供电，主要设备有供电电缆、电源避雷器等。此外，为实现对系统设备的防雷保护，应建设相应的防雷地网、避雷针等。

6.1.3　基准点和监测点的布设与数据传输

在主坝右坝肩山头地质稳定、视野开阔、便于保存处，新建北斗基准点观测墩，与主坝已有人工变形监测基准点和工作基点组网，形成水平位移监测基准网和垂直位移监测基准网。监测基准网的观测和复测采用人工观测的方式。

监测点的布置按照《土石坝安全监测技术规范》（SL 551—2012）要求进行布设。从项目的经济型、实用性的角度出发，利用大坝现有的变形观测墩，经改造后开展 GNSS 变形观测。如此可避免新建观测墩，有利于历史监测数据与北斗监测数据的衔接，还有利于对北斗监测数据进行检核。北斗变形观测重点考虑了大坝填筑深度最深的 2 号、3 号横断面，共布设了 12 个监测点，分 4 个纵断面、5 个横断面。C 水库 GNSS 监测点布置如图 6-1 所示。

在基准站、监测站安装北斗接收设备，同时采用光纤通信的方法，实现基准站、监测站和控制中心之间的数据传输。主坝至管理大楼之间采用 36 芯光纤连接，然后用 4 芯光纤转接至基准站和监测站；光纤两端连接光电转换器，转换成 RJ45 接口分别连接北斗接收机和控制中心交换机。

图 6-1　C 水库 GNSS 监测点布置

6.1.4　数据处理与管理平台

北斗数据处理和管理集中在控制中心，布设在管理大楼内，用于接收、存储、处理和分析基准站、监测站的监测数据，由服务器、北斗信息采集与处理软件组成。

北斗信息采集与处理软件基于 Windows 平台运行，采用 B/S 架构，分为数据采集模块、数据解算分析模块和数据维护管理模块。

数据采集模块用于采集各北斗接收机的数据：①对基准站和监测站接收机进行远程控制，修改北斗接收机运行模式，设置采集参数；②实时采集或定时下载北斗观测数据；③定时自动采集北斗接收机工作状况信息，生成日志文件，在接收机工作状态异常时发出警告；④将采集的观测数据解码，生成 RINEX 格式文件。

数据解算分析模块用于北斗高精度基线解算，解算各监测点三维坐标，计算各监测点变形量。主要功能有：①分析原始数据，自动探测和剔除错误数据；②采用双差的数据处理策略，自动进行高精度基线解算；③具备消除卫星钟差、接收机钟误差，以及削弱与距离相关的轨道误差和对流层、电离层误差等误差的功能；④保证 4 小时精密解水平变形监测精度优于 ±3 mm、24 小时解水平监测精度不大于 ±3 mm、垂直位移监测精度不大于 ±5 mm；⑤自动分析数据，计算变形量；⑥采用预报模型对变形趋势进行预测；⑦在监测数据超出预警时，以短信、邮件的形式自动发出预警。

6.1.5　某中型水库 GNSS 监测系统硬件安装与系统集成

C 水库主坝基准站和监测站观测设备主要采用天宝 Net R9 型 GNSS 接收机，可同时采集北斗、GPS、GLONASS 三个系统 7 个频点的观测数据并从 RJ45 网口输出；采用华信 HX-CG7601A 型扼流圈天线，具备较好的抗多路径效应能力。

为了同时开展人工与自动化监测，设计了专用支架安置 GNSS 天线，用于改造现有观测墩，使其可同时开展人工变形观测与北斗变形观测。人工观测时，将棱镜安置在支架内部的预制连接件上即可，无需移动 GNSS 观测天线。仪器箱安置在观测墩的侧面，采用膨胀螺栓固定。北斗接收机、电源及网络通信设备均安置在仪器柜中，如图 6-2 所示。

数据传输网络、供电网络施工完毕后，在控制中心部署监测软件采集观测数据，并开展系统集成调试。

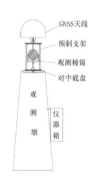

图 6-2　C 水库监测站示意图及现场安装实景

6.1.6　监测系统精度指标及性能评估

系统精度指标及运行性能评估从精度统计、系统监测可靠性评估、系统运行状况评估三方面分析。

1）精度统计

（1）重复观测精度统计：

土石坝变形一般较为缓慢，因此可以假设：在较短的时间范围内（如一周内），监测点未发生变形，各次监测点变形观测值之间的不符值是由观测误差引起的。在此假设条件

下，利用 C 水库 2016 年 4 月 27 日至 30 日的观测数据，选取不同时段长度的数据进行
处理，并对基线解算精度进行统计。统计结果表明，1 小时解水平精度可优于 ±2 mm，4
小时解高程精度可优于 ±3 mm，24 小时解水平、高程精度可优于 ±1 mm。

（2）多天相同时段重复性分析：

在变形监测中，为了更好地提取变形量，往往需要保证观测时具有相同的工况。如通
过水准测量获取沉降量时，需按相同的水准路线进行观测。而对于 GNSS 观测而言，相
同的工况可以是每天相同时段的观测数据，即计算连续多天、相同时段的基线向量，通过
求取差值计算变形量。在每 4 小时进行一次解算时，将全天 24 小时分成了 A 至 F 共 6 个
时段。图 6-3 是基线 XK04-XK08 在年积日 176 ～ 180 期间，E 时段相邻两天的坐标
差值，即将后一天的 E 时段解算结果与前一天 E 时段解算结果相减。在点位未发生变形的
情况下，差值主要由观测误差引起，可用于统计监测精度。

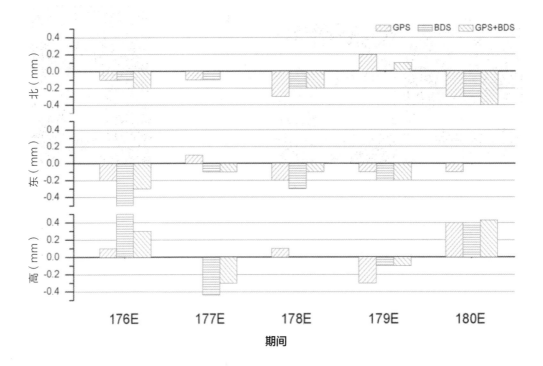

图 6-3　连续多天 E 时段位移量提取

表 6-1 给出所有时段连续多天的 RMS 值统计信息。对于静态短基线，单一系统多天相同时段水平及高程方向 RMS 值均可达到 0.7 mm 以内，混合系统则可达到 0.6 mm 以内。

表 6-1　相同时段 RMS 值统计结果（H: 水平方向，U：高程方向）

基线	时段	方向	GPS(mm)	BDS(mm)	GPS+BDS（mm）
XK04-XK08	A	H	0.4	0.4	0.4
		U	0.2	0.5	0.4
	B	H	0.5	0.6	0.6
		U	0.3	0.4	0.3
	C	H	0.5	0.7	0.6
		U	0.4	0.3	0.3
	D	H	0.3	0.5	0.3
		U	0	0.5	0.3
	E	H	0.3	0.3	0.3
		U	0.2	0.4	0.3
	F	H	0.7	0.6	0.6
		U	0.5	0.4	0.5

（3）监测精度随时段长度变化：

利用 C 水库 2016 年 4 月 27 日至 30 日的观测数据，选取不同时段长度的数据进行处理，并对基线解算精度进行统计，结果见表 6-2。1 小时解水平精度可达 3 mm，4 小时解精度水平、高程方向均可达 3 mm。

表 6-2　不同时段 RMS 值统计结果（N: 北方向，E：东方向，U：高程方向）

点号	基线长度(m)	1 小时解（mm）			2 小时解（mm）			4 小时解（mm）		
		N	E	U	N	E	U	N	E	U
XK01	130	1.7	2.3	6	1.1	1.4	3.6	0.7	0.9	2.3
XK02	199	1.8	1.5	5.3	1.3	1.1	3.4	1.1	0.8	2.3
XK03	270	1.8	1.5	5.3	1.3	1.2	3.6	1.1	0.9	2.6
XK04	352	2	1.6	4.9	1.4	1.2	3.2	1.2	0.9	2.5
XK05	130	1.7	2	5.8	1.1	1.7	4	0.7	0.9	2.8
XK06	199	1.8	1.8	5.7	1.2	1.2	3.5	1	1	2.7
XK07	270	1.8	1.4	5.2	1.3	1.1	3.5	1.1	1	2.6
XK08	316	1.9	1.8	4.9	1.3	1.3	3.3	1.2	0.8	2.4
XK09	202	1.8	2	5.4	1.2	1.4	3.7	1	0.9	2.8
XK10	272	1.8	1.6	4.9	1.3	1.2	3.3	1.1	1	2.6
XK11	209	1.6	1.9	5.3	1	1.5	3.7	0.7	1.3	2.8
XK12	277	1.8	2	5.1	1.2	1.5	3.5	1	1.2	2.8
平均值（mm）		1.8	1.8	5.3	1.2	1.3	3.5	1	1	2.6

点号	基线长度(m)	8 小时解（mm）			12 小时解（mm）			24 小时解（mm）		
		N	E	U	N	E	U	N	E	U
XK01	130	0.6	0.4	0.9	0.5	0.4	1	0.2	0.3	0.4
XK02	199	0.9	0.7	1.2	0.8	0.3	0.7	0.4	0.3	0.5
XK03	270	0.9	0.6	1.2	0.9	0.2	0.8	0.5	0.2	0.5
XK04	352	1.1	0.8	1.8	1.1	0.2	1.2	0.7	0.2	0.6
XK05	130	0.4	0.4	1	0.3	0.4	1.1	0.2	0.3	0.6
XK06	199	0.7	0.7	1.3	0.7	0.2	0.8	0.4	0.2	0.5
XK07	270	0.9	0.7	1.4	0.9	0.4	0.8	0.5	0.3	0.4
XK08	316	0.9	0.5	1.4	0.9	0.4	0.7	0.6	0.3	0.6
XK09	202	0.8	0.6	1.4	0.5	0.5	0.8	0.3	0.3	0.8
XK10	272	0.9	0.8	1.5	0.8	0.5	0.9	0.5	0.3	0.7
XK11	209	0.6	1.1	1.7	0.6	0.7	1.3	0.4	0.2	0.8
XK12	277	0.9	1	1.9	0.8	0.7	1.2	0.4	0.4	0.8
平均值（mm）		0.8	0.7	1.4	0.7	0.4	0.9	0.4	0.3	0.6

图 6-4 是监测精度随观测时段长度变化的曲线图。经分析可知，随时段长度的加长，监测精度逐渐提高。水平 N、E 方向的监测精度大致相当，高程方向精度为水平方向精度的 2~3 倍。

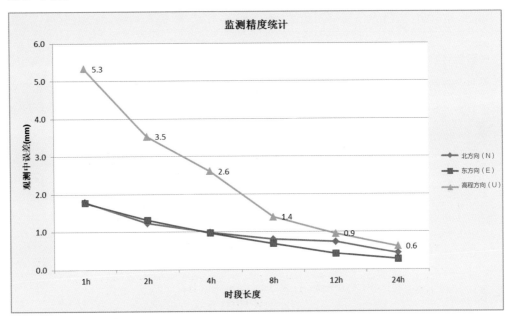

图 6-4　监测精度随时段长度变化

2）系统监测可靠性评估

为了验证监测结果的可靠性，在 C 水库大坝背水面监测点 AL203DB、AL303DB 安置可移动基座进行了实验验证。实验时，先安装可移动基座并放置 24 小时，后按照表 6-3 中方式移动基座。可移动基座上带有游标卡尺，可直接读出移动量，并以该移动量检验 GNSS 解算结果的准确性。

表 6-3　监测点 AL203DB、AL303DB 基座移动记录

序号	时间	模拟变形操作
1	2015 年 8 月 6 日 12:00	安装可移动基座
2	2015 年 8 月 7 日 15:30	AL203DB 沿 Y 轴方向移动 10 mm，X 轴方向不移动； AL303DB 沿 X 轴方向移动 10 mm，Y 轴方向不移动
3	2015 年 8 月 11 日 15:30	AL203DB 沿 Y 轴负方向移动 10 mm，X 轴方向不移动； AL303DB 沿 X 轴负方向移动 10 mm，Y 轴方向不移动

图 6-5、图 6-6 分别为监测点 AL203DB、AL303DB 实验期间累计位移变化曲线图，实验表明：监测系统探测到的变形量的大小和方向与基座实际移动的大小和方向基本一致。8 月 11 日 16:00 的监测数据出现了较大的偏差，这是由于该时段内对基座进行了移动操作导致的。大部分监测数据与真实数据的差值在 ±2 mm 以内，这说明系统软件所采用的短基线解算方法和误差消除策略有效，系统的监测结果是可靠的。

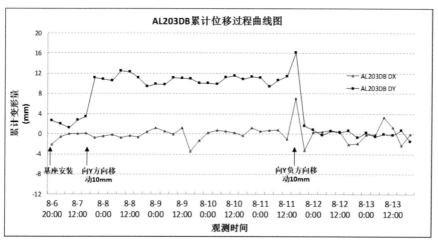

图 6-5　AL203DB 累计位移变化曲线图

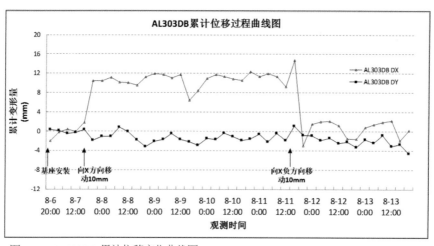

图 6-6　AL303DB 累计位移变化曲线图

3）系统运行状况评估

系统于 2015 年 8 月 10 日开始正式运行，截至 2016 年 3 月 10 日，系统运行平稳，总体性能达到了设计预期目标。系统运行期间，各基准站、监测站卫星跟踪情况良好，基准站跟踪 GPS 和 GNSS 系统的各项观测数据指标正常，抽样统计结果表明：数据可用率达 95% 以上，多路径效应均小于 0.45 m；控制中心至各基准站、监测站的通信网络状况良好，未出现网络通信故障；系统部署的北斗高精度变形监测数据处理软件总体表现良好，可开展自动化的变形监测数据采集、处理、分析和预警，按预设时间间隔每 4 小时输出一次变形监测结果，24 小时连续运行；系统多次经历了暴雨、雷电等天气，均能够正常运行，具备全天候运行的能力。

图 6-7 为 2015 年 9 月至 2018 年 8 月期间北斗监测点的累计变形量与降雨量过程线图。监测期间最大降雨量为 152 mm（2018 年 6 月 5 日）；系统出现故障时，监测软件能自动提示出现异常的监测站，指导工作人员进行故障排除；变形分析结果表明，各监测点在上下游方向的累计变形量与水库水位涨落变化呈现出强相关性，从侧面印证了系统的精度和可靠性。

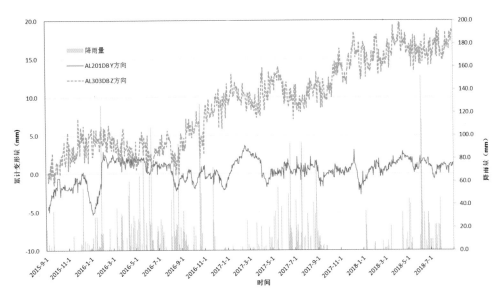

图 6-7　北斗监测点累计变形量与降雨量过程线图

6.1.7　某中型水库 GNSS 应用小结

　　C 水库主坝表面 GNSS 自动化变形监测系统建成后，总体性能达到了设计预期要求，具备自动数据采集、处理、分析和实时预警的功能，具备全天候变形监测的能力和较好的故障应对能力。系统部署的 GNSS 变形监测数据处理软件，4 小时解水平位移、竖直位移监测精度均优于 ±3 mm，具备毫米级精度变形监测的能力。C 水库主坝表面 GNSS 自动化变形监测系统的成功建设表明，北斗技术能很好满足土石坝监测的应用需求，对加强水库抵抗恶劣天气能力、提升水库信息化管理水平具有重要意义。

6.2　某小型水库大坝安全监测系统

6.2.1　D 水库简介

　　D 水库位于南方某市，建成于 1991 年 12 月，为小（一）型水库，水库以供水、防洪为主。水库集雨面积 3.40 km^2，正常蓄水位 55.30 m，死水位 42.00 m，主坝最大坝高 25.00 m。

6.2.2　监测点布置情况

　　D 水库原有 6 个测压管和 1 个量水堰。测压管布设在主坝背水面，分 2 个横断面、3 个纵断面。量水堰布设在排水棱体后，为三角量水堰。水库建设有水雨情监测设施，可实现库水位、降雨量的自动观测。

　　自动化监测系统的观测要素包括表面变形监测、渗流压力监测和渗流量监测。表面变形监测点分两个横断面、4 个纵断面进行布设；横断面间距约 40 m；纵断面分布为 1 个迎水面、3 个背水面。大坝迎水面为水泥面板，可采用 InSAR 监测技术开展面板变形监测。大坝背水面表面种植有草皮，布设 6 个北斗监测点开展表面变形监测。渗流压力监测采用渗压计配合已有测压管开展自动监测。渗流量监测采用现有量水堰配合量水堰计开展自动监测。D 水库监测点布设如图 6-8 所示。

6.2.3　自动化监测系统设计

　　相较于以往的大坝安全监测系统，D 水库安全监测系统以北斗接收机为核心组件实现了监测系统的集成，系统结构如图 6-9 所示。

图 6-8　D 水库主坝监测点布置

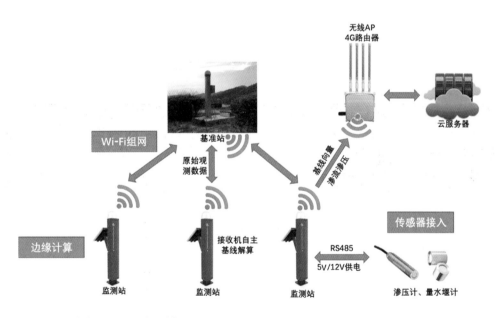

图 6-9　D 水库安全监测系统结构

基于改进后的一体式北斗接收机来设计监测方案。在大坝表面开挖北斗监测点基坑并浇筑混凝土基础，然后在上部安装北斗监测墩，如图6-10所示。北斗监测墩采用金属预制，顶部安装一体式北斗接收机。观测墩集成有太阳能供电模块，背部安装有太阳能电池板，内部空腔安装有锂电池、太阳能控制器。数据通信采用北斗接收机自带的Wi-Fi通信模块，接入坝面部署的无线局域网中。

北斗监测接收机采集的是原始观测数据，需要通过相对定位基线解算的过程才能获得毫米级精度的变形结果。基于一体式北斗接收机，在Wi-Fi组网的支持下可实现变形监测成果的自主解算。具体过程为：北斗监测时段长度预先设置为4小时，即每4小时输出一个观测结果；每4小时的原始观测数据采集完成后，每个监测站北斗接收机通过Wi-Fi网络获取到基准站北斗接收机的该时段原始数据；每个监测站北斗接收机，基于嵌入式系统和软件运行基线解算程序，完成毫米级精度的监测结果解算；最后将监测结果通过Wi-Fi网络并经由4G路由器回传到云服务器。

渗流压力监测采用投入式渗压计实现自动化监测。利用坝面已有测压管，经清洗和灵敏度检验合格后，安装投入式渗压计。渗压计线缆就近接入北斗接收机的RS485接口上。由接收机对渗压计供电、测读数据，然后回传数据至控制中心。渗压计的安装如图6-11所示。

图6-10 北斗监测墩

图6-11 渗压计安装

渗流量监测采用磁致式量水堰计进行自动化监测，如图 6-12 所示。在水库原有的量水堰槽边建造一个观测井并与堰槽连通，然后安装量水堰计。考虑到量水堰距离 GNSS 接收机存在一定的距离，因此采用 GPRS 模块回传监测数据。量水堰计和 GPRS 模块采用太阳能供电。

图 6-12　磁致式量水堰计

6.2.4　系统运行情况

D 水库 GNSS 监测结果如图 6-13 ~ 图 6-15 所示，在 X、Y、Z 三个方向上的监测精度均优于 3 mm，能满足《土石坝安全监测技术规范》（SL 551—2012）的要求。高程方向监测精度略低于水平方向。

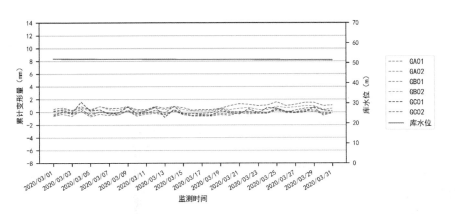

图 6-13　D 水库主坝 GA、GB、GC 纵断面 X 方向累计变形

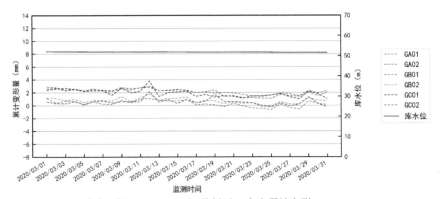

图 6-14　D 水库主坝 GA、GB、GC 纵断面 Y 方向累计变形

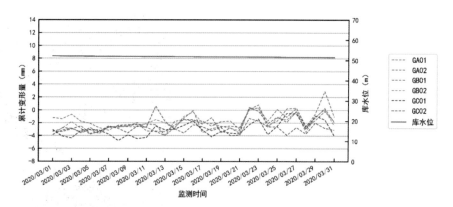

图 6-15　D 水库主坝 GA、GB、GC 纵断面 Z 方向累计变形

渗流压力监测期间，每月进行一次人工观测校验。D 水库主坝 1 号横断面测压管水位、2 号横断面测压管水位如图 6-16、图 6-17 所示。渗压计自动观测数据与人工水位计观测数据的差异均在 2 cm 以内，量水堰计自动观测数据与人工观测数据差异均在 1 mm 以内，符合大坝渗流压力安全监测的精度要求。

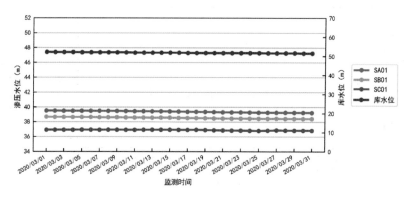

图 6-16　D 水库 1 号横断面测压管水位

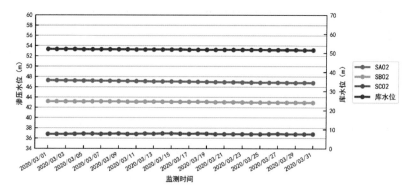

图 6-17　D 水库 2 号横断面测压管水位

D 水库自动化安全监测系统于 2019 年 10 月完成建设，截至目前运行情况平稳，北斗监测、渗流压力监测、渗流量监测均运行正常，说明基于北斗监测接收机的大坝安全监测系统集成是完全可行的。

6.3　GNSS 监测基准站网探讨

为了达到毫米级精度的实时变形监测能力，北斗变形监测需要在监测点周围选取一两个稳定的基站作为基准站，采用监测站与基准站差分的办法求解高精度的变形结果。因此，北斗自动化变形监测系统一般由基准站、监测站、控制中心和配套的数据传输网络、供电网络和防雷设施组成。在单座水库开展北斗变形监测时，一般选择稳固可靠的位置布设至少 3 个基准点组成基准网，并在其中一两个基准点安装北斗观测设备形成基准站。北斗自动化监测系统中，基准站是变形监测系统的实时起算基准，其稳定性直接影响监测成果的正确性，一般通过定期的基准网观测予以检验。

北斗变形监测基准站的选址应满足两方面的要求：一方面应稳固可靠，因此应布设在基岩上或稳固可靠的土层内，且易于长期保存；另一方面应具备良好的北斗观测条件。相较于一般基准点，基准站需要配备北斗观测设备和配套的供电、通信网络设备，导致其建设成本更高。

南方某市水库多，若全面开展北斗观测，在每座水库都建设北斗监测基准站，无疑需要大量的建设和运维经费。但是，南方某市水库位置分布较为密集，若能够组建北斗变形监测基准站网，则既能多座水库共用基准站网以节约资源，又能相互校正、易于维护。

全球卫星导航系统连续运行参考站（CORS）于 20 世纪 80 年代开始发展，至今已广泛应用于国际地球参考框架的维持、地壳变形监测、电离层及大气水汽变化监测、实时网络差分定位等领域 [3]。2001 年，深圳建成了由 5 个站点组成的 CORS 系统，可实现厘米级精度的实时定位。2011 年，我国构造环境监测网络建成了由 260 个站点组建而成的 CORS 网，主要用于监测我国的地壳运动，站点地心坐标单日解精度在厘米量级。上述案例虽然不能直接应用于毫米级精度的大坝变形监测，但是能为水务工程北斗基准站网的建设提供借鉴。

6.3.1　共用基准站的可行性分析

北斗变形观测采用载波相位相对定位的原理，利用基准站和监测站之间的差分处理，消除大气对流层延迟、电离层延迟等观测误差源的影响，从而获得高精度的三维基线向量。然后，通过比较不同时间获取的三维基线向量，计算监测点的变形量。但是，随着基线距离增加，基准站和监测站之间的对流层延迟、电离层延迟差异越明显，越不利于观测误差的消除，从而导致变形监测精度降低。此外，静态北斗变形观测的监测精度除了随基线长度变化外，还与监测时段的时间长度相关。一般情况下，观测时间长度越长，越有利于提升观测精度。

为了分析监测精度随空间距离、时间长度的变化规律，项目组在三座间距分别为12 km、10 km、5 km 的水库安装了天宝 Net R9 型 GNSS 设备，连续采集了 17 天的观测数据，然后利用武汉大学研发的 PowerSbp 软件，将观测值进行无电离层组合，分 1小时、2 小时、4 小时、12 小时、24 小时等不同时段长度进行静态基线解算。对处理结果中三条基线的重复观测精度进行统计，结果见表 6-4。

表 6-4　重复基线观测精度统计

时段长度（h）	基线长度（km）	重复基线标准差（mm）		
		东方向（E）	北方向（N）	高程方向（U）
1	5（E—B）	2.1	2.5	7.3
	10（C—B）	24.9	8.0	23.6
	12（E—C）	15.4	5.1	16.5
2	5（E—B）	1.5	1.8	5.0
	10（C—B）	3.0	3.8	8.4
	12（E—C）	2.4	3.0	8.1
4	5（E—B）	1.1	1.1	3.6
	10（C—B）	1.7	2.2	5.6
	12（E—C）	1.6	1.9	5.9
12	5（E—B）	0.5	0.7	1.9
	10（C—B）	1.0	1.2	3.6
	12（E—C）	0.8	1.1	4.0
24	5（E—B）	0.4	0.4	1.5
	10（C—B）	1.0	0.8	2.0
	12（E—C）	1.2	0.8	2.5

基线长度为 5 km 时，时段长度为 1 小时的基线解，水平方向精度优于 3 mm。随着观测时长的增加，GNSS 基线解算结果的标准差逐渐缩小。当时长为 24 小时，长度为 5 km、10 km、12 km 的三条基线，水平方向精度均可达到 1.2 mm 以内，垂直方向精度可到 2.5 mm 以内，满足《土石坝安全监测技术规范》（SL 551—2012）要求的 3 mm 精度。这也说明，在观测时长足够的情况下，一定距离内的相邻水库是可以通过共用基准站达到预期的监测精度水平的。

6.3.2　建设基准站网的必要性分析

1）北斗自动化监测是未来的应用趋势

随着经济水平的不断发展、人力资源成本的不断提升，无人值守的自动化监测必将成为未来的应用趋势，而北斗监测将是其中的重要组成部分。北斗监测技术具有全天候、实时、24 小时连续、自动化监测的优势，相较于传统作业方式，能很好地满足水库大坝变形监测的需求，为管理方提供更加翔实、可靠的大坝监测结果，准确掌握大坝变形规律，异常情况下实时预警。

2）提升水务工程应急监测能力

北斗变形监测基准网，能为一定行政区域范围内的水务设施开展北斗监测提供监测基准，用于日常监测和应急监测。若水务设施出现紧急情况，在已有基准站网的支持下，快速部署北斗设备即可开展在线监测，并通过网络实时上报至应急指挥中心，实现在线应急快速响应，提升应急保障能力。

3）公共基准站建设的经济效益良好

以南方某市为例，若每座水库单独建设变形监测基准站，便需要大笔的建设和运维经费。考虑到南方某市水库位置分布较为密集，若能实现多座水库共用基准站，即可显著降低北斗监测系统建设期和运行期的项目经费，经济效益明显。

参考已有水库基准站建设费用，以一套含 10 个北斗监测点、1 个基准站的系统为例，基准站建设费用占项目总经费的 9%～13%。若两座或者多座水库能够共用基准站，降低基准站总数，可显著降低建设期的项目经费。

北斗监测系统维护期间，需定期检验基准站的稳定性，定期进行巡视检查和设备维护，保护基准站周边不受外界干扰。因此，基准站的运行维护需要投入人力、物力，数量越少，越便于管理。

6.3.3 北斗基准站网的设计

本节以南方某市内的大中型水库和小（一）型水库为监测对象进行阐述。考虑到中型以上水库的重要程度和管理设施完善程度，建议在中型以上水库优先布置基准站，然后通过量化评分对其余水库排序，依次选择基准站。此处以监测站距离基准站不超过 5 km 为限制条件，选择基准站方法如下：

（1）在大中型水库等优先布置基准站。

（2）将大中型水库及其周边 5 km 范围内的水库从列表中排除。

（3）对其他水库进行量化评分，选择经验公式计算评分，并按评分排序（此处不考虑监测站环境影响，北斗基准站的布设主要由以下因素决定：水库的重要程度；水库大坝的北斗监测点数量；监测站可达到的精度水平；监测站与基准站的距离）。

（4）选择评分最高的水库作为备选基准站位置。

（5）以基准站至监测站的最长距离不超过 5 km 为约束条件，将备选基准站周边 5 km 范围内的水库从列表中排除。

（6）重复上述第（3）（4）（5）步直至水库列表为空。

通过上述方法，筛选出 28 座水库布置基准站组成基准站网，如图 6-18 所示。在每座基准站周围半径 5 km 的范围内，可覆盖两座大型水库、14 座中型水库、65 座小（一）

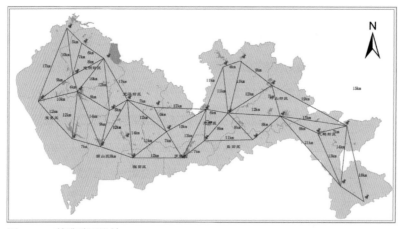

图 6-18 基准站网设计

型水库，在半径 10 km 的范围内可覆盖全部 168 座水库。根据表 6-3-1 的统计数据，以 28 座基准站为基础，在连续观测时长达到 24 小时的情况下，全部水库可达到规范要求的 3 mm 监测精度。

6.3.4　基于基准站网的应急监测

在水库大坝或其他部位出现险情预警（如水库边坡滑坡），或超强台风过境，或大暴雨、高水位期间，可增设应急设施进行应急监测。为保证应急监测的可靠性，应做好基准网的建设和应急保障演练，保障在 4 小时内（甚至更少）设施能布置到位，且精度可靠，以保证水库自身的安全及人民群众的生命财产安全。

应急站基准网的布设：在一定的区域内（水行政主管部门，一般为县区一级），分为水库分布密集型和稀疏型两种，对分布密集型水库（或城区型水库）宜根据需求建设毫米级 GNSS 监测基准网，对分布稀疏型水库宜每一座水库建设一个独立的基准站。

应急监测站的布设：应急监测站点位的设计与普通监测站的设计一致；点的布设形式视地区的经济发展水平而定，有条件的地方可以布设如常设站一样的监测墩，没条件的地方可以布设常规的测点；仪器的选择原则一般以满足精度基本要求为主，一个地区可以适当选择一至两套精度高、保障性好的设备以备紧急情况下使用。

水库行政主管部门平时应进行应急保障演练，以确保设备状况正常、使用方法正确、队伍组织有效，确保应急状态下队伍拉得出、设备有保障、关键时候攻得下。

第7章　多种监测手段数据融合

根据现行《土石坝安全监测技术规范》（SL 551—2012），土石坝安全监测可分为仪器监测和巡视检查两大类。其中，仪器监测项目包括环境量监测、变形监测、渗流监测、应力应变及温度监测和专项监测五类。

本书编写团队将北斗时序观测的变形结果与坝体变形监测的历史数据、水准监测成果、全站仪监测成果、渗流监测仪结果、库水位等相融合，进行坝体安全性的评估与分析，并研制了相应的监测资料整编与分析软件平台，用于相关资料的分类归档和历史查询。

7.1　人工变形监测数据分析

C 水库主坝自建成以来，长期采用全站仪、水准仪等人工观测的方式进行坝体水平位移监测和垂直位移监测，观测周期为每季度一次。项目组收集整理了 C 水库主坝 2010 年 1 月至 2015 年 11 月期间的人工监测数据，分析了大坝变形规律。

图 7-1 是 C 水库主坝 1 号纵断面 X 方向人工变形监测累计变形量。人工监测数据说明，2010 年 1 月至 2015 年 11 月期间，1 号纵断面上的 6 个监测点在 X 方向没有明显的变形趋势，水位的变化对 X 方向的变形没有明显影响。

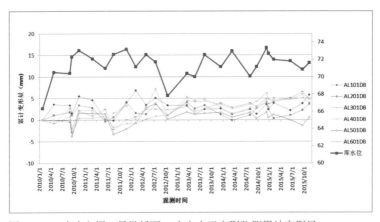

图 7-1　C 水库主坝 1 号纵断面 X 方向人工变形监测累计变形量

图 7-2 是 C 水库主坝 1 号纵断面 Y 方向人工变形监测累计变形量。数据表明，截至 2015 年 11 月，1 号纵断面的 6 个监测点累计变形量的绝对值均在 7 mm 以内，说明大坝在 Y 方向的长期变形较为平缓。但是，相较于北斗监测获取的监测数据，人工监测数据在 Y 方向变形并未随库水位的变化而变化，这可能是由于人工监测数据频次较低的原因引起的。

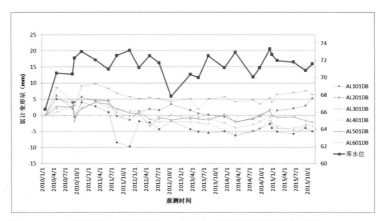

图 7-2　C 水库主坝 1 号纵断面 Y 方向人工变形监测累计变形量

图 7-3 是 C 水库主坝 1 号纵断面高程方向的累计变形量，图中累计变形量为正时表示向下沉降。2010 至 2015 年 11 月期间，大部分监测点有缓慢下沉的趋势。采用回归分析的方法，对全部沉降监测点的沉降速率进行分析，数据显示各大坝监测点的沉降速率为 -0.4 ~ 1.6 mm/a。

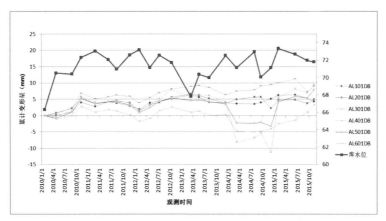

图 7-3　C 水库主坝 1 号纵断面高程方向人工变形监测累计变形量

结合人工变形监测数据和北斗变形监测数据，发现两种类型数据在长周期上的规律基本一致，比如在 X 方向、Y 方向变形均不明显，高程方向表现为缓慢沉降。但是北斗监测数据监测频次高，因此更能反映出大坝变形随库水位的短周期变化。**将两种监测数据融合，既能在长周期上评估大坝的变形趋势，又能在短周期上反映大坝变形的波动，对分析大坝变形规律和变形机制具有重要意义。**

7.2　渗流量监测数据分析

C 水库主坝设有量水堰一座，为直角三角堰，堰口深 27 cm，堰口高程 48.95 m，现场状况如图 7-4。渗流量监测采用人工监测的方式，一般每月监测 4 次。项目组共收集到 2009 年 4 月至 2016 年 5 月的 328 次主坝渗流量监测数据，监测结果显示，主坝最大渗流量为 4.46 L/s，发生于 2016 年 4 月 11 日，最小渗流量为 1.75 L/s，发生于 2009 年 12 月 31 日，平均渗流量为 2.50 L/s。

图 7-5 是主坝渗流量与库水位的过程线图。坝体渗流量总体较为平稳，部分时间受降雨影响有较大波动。

图 7-4　C 水库主坝量水堰

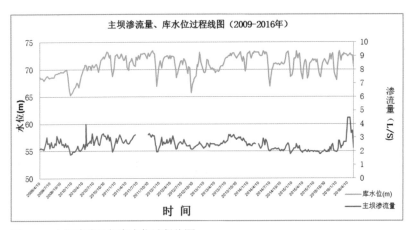

图 7-5　主坝渗流量与库水位过程线图

图 7-6 是主坝渗流量与库水位的相关关系图，渗流量与库水位存在一定的相关性。经计算，渗流量与库水位的相关系数为 0.4878，查检验相关系数 ρ =0 的临界值表，经过计算得到 $r_{N-2}^{0.01}$ =0.142，相关系数小于 0.6 大于 $r_{N-2}^{0.01}$，因此库水位与主坝渗流量呈中度相关，库水位对渗流量有一定的影响。

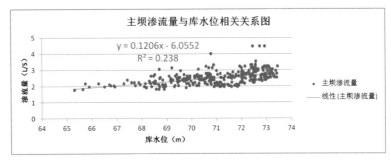

图 7-6　主坝渗流量与库水位相关关系

C 水库主坝现状是排水棱体渗水清澈，坝后坡未见有散浸及"牛皮涨"现象，也未见有潮湿区，坝后坡较平整，未见有沉陷现象。分析相关结果，现状渗流量监测数据表明，库水位 71.00 m 时，大坝的实测平均渗漏量 216 m^3/d，同设计渗漏量基本一致，说明主坝渗流量处于正常水平。

7.3　渗压监测数据分析

C 水库主坝布设有测压管水位观测孔 18 个，用于开展大坝渗压监测，如图 7-7 所示，这些观测孔分布在 7 个横断面上，断面编号分别为 A0+059、A0+061、A0+129、

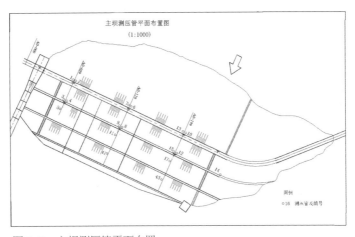

图 7-7　主坝测压管平面布置

A0+131、A0+199、A0+201、A0+260。项目组共收集到 2009 年 4 月至 2016 年 5 月的主坝测压管水位监测数据，一般每月监测 4 次，共计 317 次。

7.3.1　测压管水位变化情况分析

本节选择了主坝 A0+059、A0+199 两个较为典型的横断面，分析了 C 水库主坝测压管水位的变化情况。

图 7-8 是 A0+059 横断面测压管监测过程曲线。1 号管位于坝前坡，其水位过程线与库水位过程线明显相关，随着库水位一起上涨与下降；3 号管由于数据长期中断，此处暂不分析；5 号管位于坝后坡，靠近水库下游，其水位变化与水位依然明显相关，但是变化幅度较小，变化时间滞后。

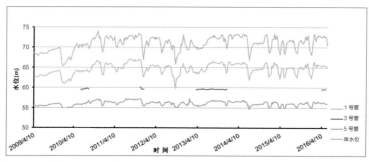

图 7-8　主坝 A0+059 横断面测压管水位过程线图

图 7-9 是 A0+199 横断面测压管监测过程曲线。13 号管位于坝前坡，其水位随库水位的变化而变化；15 号测压管位于坝后坡中部靠上游的位置，其水位受库水位变化的影响较弱，仅在库水位出现较大幅度的变化时，测压管水位才会有一定幅度变化；位于坝后坡中部位置的 17 号测压管水位基本不受库水位的影响。

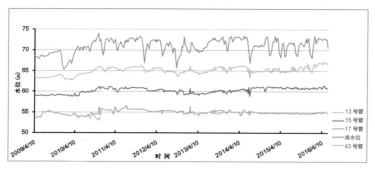

图 7-9　主坝 A0+199 横断面测压管水位过程线图

　　比较同为坝前坡的 1 号、13 号测压管，发现 1 号测压管更容易受到库水位的影响；比较同样位于坝后坡中部位置的 5 号、17 号测压管，发现 5 号测压管更容易受到库水位的影响。通过对比分析可以得出结论，A0+059 横断面的测压管水位比 A0+199 横断面的测压管水位更易受到库水位的影响。

　　为了进一步分析库水位与测压管的相关性，绘制相关关系图如图 7-10、图 7-11 所示。

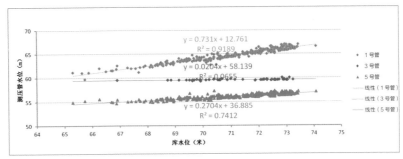

图 7-10　主坝 A0+059 横断面库水位与测压管相关关系

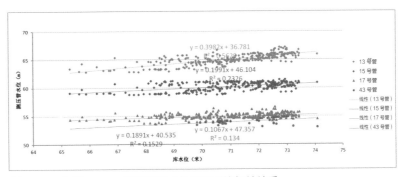

图 7-11　主坝 A0+199 横断面库水位与测压管相关关系

　　图 7-10 中，根据最小二乘法计算拟合直线的斜率 K，K 值越大表明坝体渗透系数越大，反之表明渗透系数越小。1 号管明显比 5 号管的坝体渗透系数大，1 号管和 5 号管从 2009 年到 2016 年的观测值几乎都集中在一条相关线上，可以知道各测压管附近渗透系数基本不变，坝体渗流场基本稳定。

　　图 7-11 中，根据最小二乘法计算拟合直线的斜率 K，靠近上游的 13 号管明显比 15 号管和 17 号管的坝体渗透系数大。17 号管在 2009 到 2016 年的观测值比 13 号管和 15 号管的观测值更为集中在相关线附近，可知在 17 号管附近坝体渗流场应该更为稳定。

7.3.2　测压管水位回归分析

坝体、坝基渗压水位主要受水库水位、降雨和渗流滞后时效等因素影响。考虑到降雨的地表水对测压管影响不大，大坝各点渗流场的变化主要还是受到库水位的影响，因此不考虑降雨影响因子。

本次统计利用库水位和相应的各测点水位，建立一元线性回归分析方程计算相关系数、判定系数。一元线性回归方程如下：

$$y = a + bx \tag{7-1}$$

式中：$a = \bar{y} - b\bar{x}$，$b = l_{xy} / l_{xx}$。

相关系数：

$$r = \frac{l_{xy}}{\sqrt{l_{xx}l_{xy}}} = \frac{\sum(X-\bar{X})(Y-\overline{Y})}{\sqrt{\sum(X-\bar{X})^2(Y-\overline{Y})^2}} \tag{7-2}$$

判定系数：

$$r^2 = 1 - \frac{\sum(y-\hat{y})^2}{\sum(y-\bar{y})^2} \tag{7-3}$$

根据以上公式及渗流压力统计数据，以 Excel 软件的统计分析功能辅助计算，成果见表 7-1。

表 7-1　C 水库主坝各测压管数据回归分析成果

断面	管号	回归方程	判定系数	相关系数
主坝 A0+059	1 号管	$y = 0.731x + 12.761$	0.9189	0.96
	3 号管	$y = 0.0204x + 58.139$	0.0655	0.26
	5 号管	$y = 0.2704x + 36.885$	0.7412	0.86
主坝 A0+061	2 号管	$y = 0.6367x + 17.961$	0.8803	0.94
	4 号管	$y = 0.3951x + 30.377$	0.8205	0.91
主坝 A0+129	7 号管	$y = 0.3839x + 38.831$	0.6085	0.78
	9 号管	$y = 0.2503x + 41.39$	0.2290	0.48
	11 号管	$y = 0.0375x + 53.777$	0.0174	0.13
	41 号管	$y = -0.0976x + 60.584$	0.0394	−0.20
主坝 A0+131	6 号管	$y = 0.4104x + 33.241$	0.5617	0.75
	8 号管	$y = 0.0606x + 46.8$	0.1319	0.36
主坝 A0+199	13 号管	$y = 0.3982x + 36.781$	0.5629	0.75
	15 号管	$y = 0.1991x + 46.104$	0.2326	0.48
	17 号管	$y = 0.1067x + 47.357$	0.1340	0.37
	43 号管	$y = 0.1891x + 40.535$	0.1529	0.39
主坝 A0+201	10 号管	$y = 0.6513x + 10.852$	0.3457	0.59
	12 号管	$y = 0.2102x + 37.743$	0.2637	0.51
主坝 A0+260	14 号管	$y = 0.3842x + 31.295$	0.2903	0.54

一般情况下，当相关系数 $r \geqslant 0.6$ 时，称为高度相关；当 $0.3 \leqslant$ 相关系数 $r < 0.6$ 时，为中度相关；当相关系数 $r < 0.3$ 时，为弱相关。

下面检验测压管渗流压力与库水位相关系数的显著性。首先检验 1 号管渗压计。其相关系数为 0.96，$N=317$（2009—2016 年度采集到的有效数据为 317 个）。去显著性水平为 $\alpha=0.01$，$N=317$，$N-2=315$，查"检验相关系数 $\rho=0$ 的临界值表"，利用内插法，得到 $r_{315}^{0.01}=0.144$，$r=0.959 > 0.6 > 0.144$，属于高度相关。用同样方法检验其他渗压计，相关系数在 $\alpha=0.01$ 水平上显著。若数值大于或等于 0.6 为高度相关，若 $r < r_{N-2}^{0.01}$ 则为不相关，成果见表 7-2 所示。

表 7-2　C 水库主坝各测压管数据相关系数成果

断面	管号	相关系数 r	有效数据 N	$r_{N-2}^{0.01}$	相关性
主坝 A0+059	1 号管	0.96	317	0.144	高度相关
	3 号管	0.26	58	0.336	不相关
	5 号管	0.86	314	0.145	高度相关
主坝 A0+061	2 号管	0.94	317	0.144	高度相关
	4 号管	0.91	317	0.144	高度相关
主坝 A0+129	7 号管	0.78	317	0.144	高度相关
	9 号管	0.48	317	0.144	中度相关
	11 号管	0.13	317	0.144	不相关
	41 号管	-0.20	32	0.449	不相关
主坝 A0+131	6 号管	0.75	317	0.144	高度相关
	8 号管	0.36	317	0.144	中度相关
主坝 A0+199	13 号管	0.75	317	0.144	高度相关
	15 号管	0.48	317	0.144	中度相关
	17 号管	0.37	317	0.144	中度相关
	43 号管	0.39	40	0.403	不相关
主坝 A0+201	10 号管	0.59	317	0.144	中度相关
	12 号管	0.51	317	0.144	中度相关
主坝 A0+260	14 号管	0.54	317	0.144	中度相关

本次统计过程中对一部分错误数据和误差较大的数据均予以剔除。从相关系数来看，大部分断面测点呈中度以上相关，其中 1 号管、5 号管、7 号管、13 号管、2 号管、4 号管、6 号管的相关系数在 0.6 以上，为高度相关；9 号管、15 号管、17 号管、8 号管、10 号管、12 号管、14 号管的相关系数在 0.6 到 $r_{N-2}^{0.01}$ 之间，为中度相关；3 号管、11 号管、

41 号管、43 号管的相关系数小于 $r_{N-2}^{0.01}$ ，为不相关。主坝坝体 A0+059 横断面，3 号测压管监测的有效数据较少，因此不对其进行深入分析，1 号、5 号测压管与库水位相关性较好。靠近水库上游的坝内肩坝测压管监测点（1 号管、7 号管、13 号管、2 号管）呈高度相关；靠近下游的坝外坡脚和坡面测压管监测点（41 号管、11 号管、43 号管）呈不相关，因此库水位对这些监测点没有影响。主坝横断面 A0+059 的坝外坡脚坝体 5 号管与库水位呈高度相关，说明该横断面附近坝体防渗性能可能存在异常。

7.3.3　预测水位和绘制浸润线图

水位预测采用点估计方法进行计算，确定在特定库水位下各测压管最有可能出现的值 $\hat{y}_0$ ，或者说最有可能出现在 $\hat{y}_0$ 附近的值。计算公式如下：

$$\hat{y}_0 = a + bx_0 \tag{7-4}$$

推算当库水位达到设计洪水位 $x_0 = 75.0$ 时各断面的渗流压力，将 $x_0 = 75.0$ 代入各渗压回归方程，计算结果见表 7-3 所示。

表 7-3　设计洪水位 75.0 m 渗流压力预测

横断面	管号	预测水位（m）	横断面	管号	预测水位（m）
主坝 A0+059	1 号管	67.5860	主坝 A0+199	13 号管	66.6460
	3 号管	59.6690		15 号管	61.0365
	5 号管	57.1650		17 号管	55.3595
主坝 A0+129	7 号管	67.6235		43 号管	53.7175
	9 号管	60.1625	主坝 A0+131	6 号管	64.0210
	11 号管	56.5895		8 号管	51.3450
	41 号管	53.2640	主坝 A0+201	10 号管	59.6995
主坝 A0+199	2 号管	65.7135		12 号管	53.5080
	4 号管	60.0095	主坝 A0+260	14 号管	60.1100

根据表 7-3 绘制 A0+059、A0+199 横断面坝体浸润线示意图，如图 7-12、图 7-13 所示。需要说明的是，由于部分测压管点与库水位存在不相关性，根据回归分析计算预测的浸润线可能与实际发生的情况存在一定的差别。

如图 7-12 所示，从计算预测的浸润线来看，主坝 A0+059 浸润线基本在正常范围内，坝体上游浸润线高，坝体下游浸润线低，出逸点在坝脚梯形堆石棱体部位，没有发现超过棱体以上部位溢出情况。

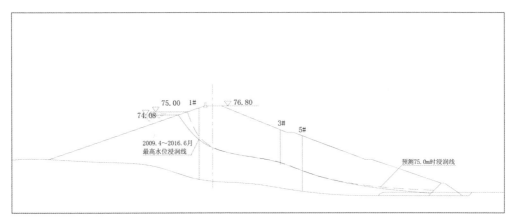

图 7-12　主坝 A0+059 横断面坝体浸润线示意

如图 7-13 所示，从计算预测的浸润线来看，主坝 A0+199 浸润线基本在正常范围内，坝体上游浸润线高，坝体下游浸润线低，出逸点在坝脚梯形堆石棱体部位，没有发现超过棱体以上部位溢出情况。

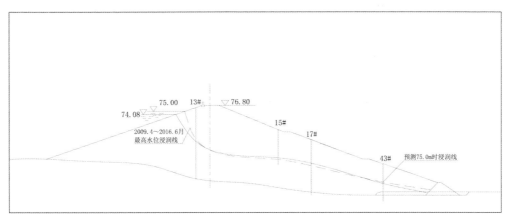

图 7-13　主坝 A0+199 横断面坝体浸润线示意

7.4 表面变形 InSAR 监测成果分析

本节中项目组以南方某市 B 水库坝体为例进行研究。为了增加 B 水库的蓄水量，主坝体于 2008 年开始进行扩建工程，并于 2010 年完工，2011 年重新蓄水。改造后的水库坝体坝顶长度达到 750 m，相对于地面长度多出 30 m。B 水库主坝为混凝土防渗心墙土坝，主要由泥土和沙砾垒砌而成。在其改建完成后一年多的时间内，坝体由于自身重力作用出现较大的沉降和水平位移，水库水位的上升导致内部土体浸润含水后也会产生一定变形。

项目组收集了为期一年的条带模式升轨 TerraSAR-X 和降轨 COSMO-SkyMed 数据，均可实现对 B 水库坝体的全覆盖。上述两种雷达卫星数据的运行波段均为 X 波段，该波段对于地面的微小变形较为敏感，监测精度可达到毫米级。两种影像的具体参数指标见表 7-4。

表 7-4 所采用雷达卫星影像具体参数指标

卫星名称	TerraSAR-X	COSMO-SkyMed
空间分辨率	3 m × 3 m	3 m × 3 m
运行波段	X 波段（3.12 cm）	X 波段（3.11 cm）
影像数量	21	26
覆盖时间	2011 年 7 月至 2012 年 6 月	2011 年 7 月至 2012 年 4 月
极化方式	VV	HH
轨道方向	升轨	降轨
入射角	37.3238°	32.3520°

考虑到水库坝体表面地物（草地和水泥面）后向散射信号较弱的特点，项目组采用基于永久散射体和同分布散射体的雷达影像时间序列分析技术对主坝体表面变形进行分析，成功提取了 B 水库坝面变形场。获取的水库坝体表面的线性变形速率分别如图 7-14、图 7-15 所示。InSAR 技术监测结果为目标在视线方向的移动，正值表示目标在雷达视线方向的上升，负值表示目标在雷达视线方向的下降。

监测期间，B 水库主坝体存在较大的变形，尤其在水库坝体的坝顶位置。在 2011 年 7 月至 2012 年 6 月期间，TerraSAR-X 卫星在坝体表面监测点的最大变形速率可达到 -28 mm/a；在 2011 年 7 月至 2012 年 4 月期间，COSMO-SkyMed 卫星在坝体表面监测点的最大变形速率可达到 -30mm/a。两种卫星获取的坝体表面变形速率的空间分布和量级略有差异，这主要是由两者升降轨方向不一致和入射角不一致导致的。后续的研究中，可考虑水库坝体几何结构以及雷达视线夹角之间的

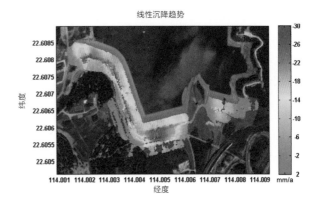

图 7-14　TerraSAR-X 卫星获取的变形速率

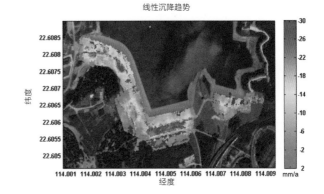

图 7-15　COSMO-SkyMed 卫星获取的变形速率

关系等因素，来研究升降轨雷达影像监测结果的融合，以提取土石坝体表面的三维变形场。

项目组选取了坝体表面变形特征较为明显的监测点，其在 TerraSAR-X 影像和 COSMO-SkyMed 影像中对应的位置及其在雷达视线方向的变形序列分别如图 7-16、图 7-17 所示。

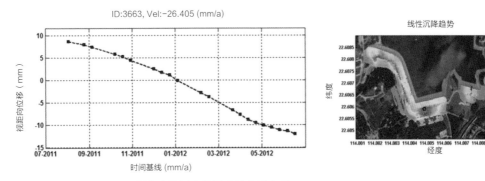

图 7-16　TerraSAR-X 影像中监测点位置及其变形序列

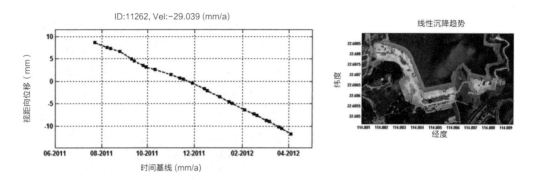

图 7-17 COSMO-SkyMed 影像中监测点位置及其变形序列

在 2011 年 7 月至 2012 年 6 月期间，TerraSAR-X 影像中监测点的变形速率可达到 −26.4 mm/a，在雷达视线方向的累计变形量可达到 −20 mm；在 2011 年 7 月至 2012 年 4 月期间，COSMO-SkyMed 影像中监测点的变形速率可达到 −29.0 mm/a，在雷达视线方向的累计变形量可达到 −21 mm。

同时，项目组将 InSAR 时序结果与坝体设立的监测站的同期水准测量结果进行比较分析。在 2011 年 8 月至 2012 年 5 月期间，B 水库主坝体水准观测结果如图 7-18 所示。

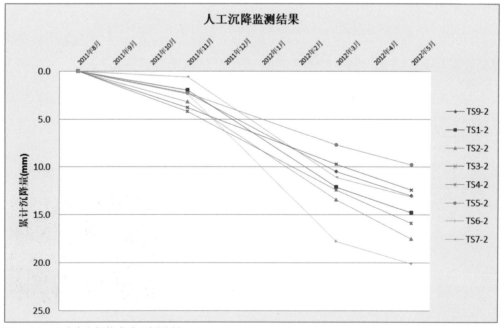

图 7-18 B 水库主坝体水准观测结果

在 2011 年 8 月至 2012 年 5 月期间，B 水库主坝体水准观测的最大累计变形量可达到 20 mm。与 InSAR 结果相比较，两者具有较高的一致性，表明 InSAR 技术和监测结果具有较高的可靠性。

7.5　融合数据处理分析平台

为了便于开展多种监测数据的融合处理分析，项目组人员在进行变形监测系统的设计与建设时，对人工变形监测、渗流量、渗压、水库水位等数据的数据库做出了设计，可实现数据导入与管理功能、多种数据融合分析功能，形成了多种监测数据的融合处理分析平台。

7.5.1　数据库设计

针对人工变形监测数据、渗流量数据、渗压数据、水库水位数据等，在后台数据库中分别设计了多个数据表，用于记录存储相关数据。数据表中的字段设计及其注释见表 7-5。

表 7-5　数据表字段定义

表名	字段	类型	注释
人工变形监测数据记录表	Id	Bigint	记录编号（主键）
	Dam_name	Varchar（50）	水库坝体名
	Code	Varchar（10）	站点编号
	Record_time	Date	观测时间
	X	Double	X 方向坐标值
	Y	Double	Y 方向坐标值
	Z	Double	Z 方向坐标值
	Dx	Double	X 方向本次变形值
	Dy	Double	Y 方向本次变形值
	Dz	Double	Z 方向本次变形值
	Acc_dx	Double	X 方向累计变形值
	Acc_dy	Double	Y 方向累计变形值
	Acc_dz	Double	Z 方向累计变形值
	Mu_id	Int	水库标识码（外键）

续表 7-5

表名	字段	类型	注释
渗流量数据记录表	Id	Bigint	记录编号（主键）
	Dam_name	Varchar（50）	水库坝体名
	Code	Varchar（10）	站点编号
	Record_time	Date	观测时间
	Rate	Double	渗流速率（L/s）
	Level	Double	水位值
	Mu_id	Int	水库标识码（外键）
渗压数据记录表	Id	Bigint	记录编号（主键）
	Dam_name	Varchar（50）	水库坝体名
	Sec_num_x	Tinyint	断面号
	Sec_num_y	Tinyint	测压管编号
	Record_time	Date	观测时间
	Value	Double	测压管水位值
	Mu_id	Int	水库标识码（外键）
水库水位数据记录表	Id	Bigint	记录编号（主键）
	Record_time	Date	观测时间
	Value	Double	水库水位值
	Mu_id	Int	水库标识码（外键）

7.5.2　数据导入与管理

人工变形监测、渗流量、渗压及水库水位数据，可以通过数据库批量导入及监测系统界面手工录入两种方式入库。

1）数据库批量导入

需入库数据量较大，在首次导入历史全部人工变形监测、渗流量、渗压及水库水位数据时，若进行手工录入则工作量较大，可以先在其他程序如 Excel 中，将数据按照数据库中的结构整理好，再直接导入数据库中。以渗流量数据为例，图 7-19 为按照数据库中渗流量数据表结构整理好的 2015 年主坝渗流量观测记录。

借助数据库管理软件，采用"导入向导"工具向渗流量数据表中导入数据，导入时需将字段名一一对应。导入结果如图 7-20 所示。

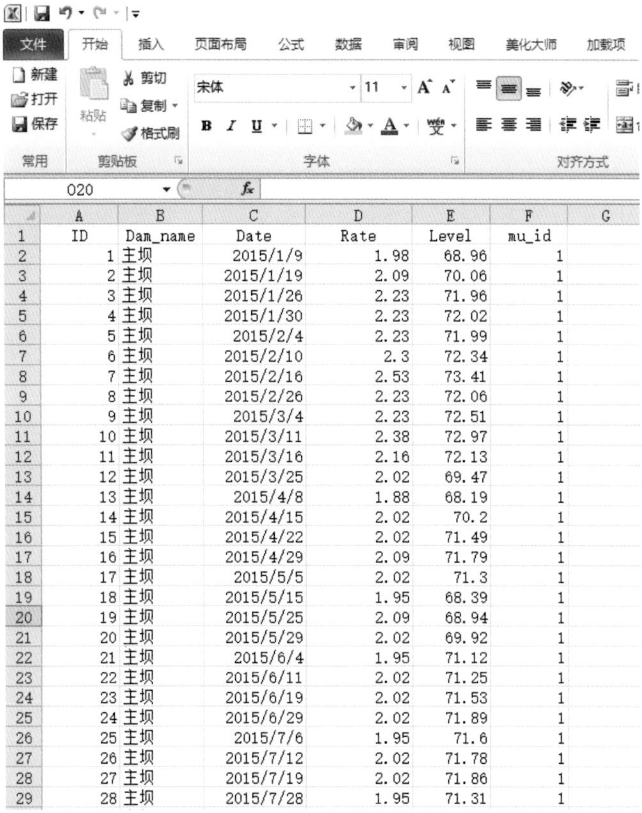

	A	B	C	D	E	F	G
1	ID	Dam_name	Date	Rate	Level	mu_id	
2	1	主坝	2015/1/9	1.98	68.96	1	
3	2	主坝	2015/1/19	2.09	70.06	1	
4	3	主坝	2015/1/26	2.23	71.96	1	
5	4	主坝	2015/1/30	2.23	72.02	1	
6	5	主坝	2015/2/4	2.23	71.99	1	
7	6	主坝	2015/2/10	2.3	72.34	1	
8	7	主坝	2015/2/16	2.53	73.41	1	
9	8	主坝	2015/2/26	2.23	72.06	1	
10	9	主坝	2015/3/4	2.23	72.51	1	
11	10	主坝	2015/3/11	2.38	72.97	1	
12	11	主坝	2015/3/16	2.16	72.13	1	
13	12	主坝	2015/3/25	2.02	69.47	1	
14	13	主坝	2015/4/8	1.88	68.19	1	
15	14	主坝	2015/4/15	2.02	70.2	1	
16	15	主坝	2015/4/22	2.02	71.49	1	
17	16	主坝	2015/4/29	2.09	71.79	1	
18	17	主坝	2015/5/5	2.02	71.3	1	
19	18	主坝	2015/5/15	1.95	68.39	1	
20	19	主坝	2015/5/25	2.09	68.94	1	
21	20	主坝	2015/5/29	2.02	69.92	1	
22	21	主坝	2015/6/4	1.95	71.12	1	
23	22	主坝	2015/6/11	2.02	71.25	1	
24	23	主坝	2015/6/19	2.02	71.53	1	
25	24	主坝	2015/6/29	2.02	71.89	1	
26	25	主坝	2015/7/6	1.95	71.6	1	
27	26	主坝	2015/7/12	2.02	71.78	1	
28	27	主坝	2015/7/19	2.02	71.86	1	
29	28	主坝	2015/7/28	1.95	71.31	1	

图 7-19　2015 年主坝渗流量观测记录

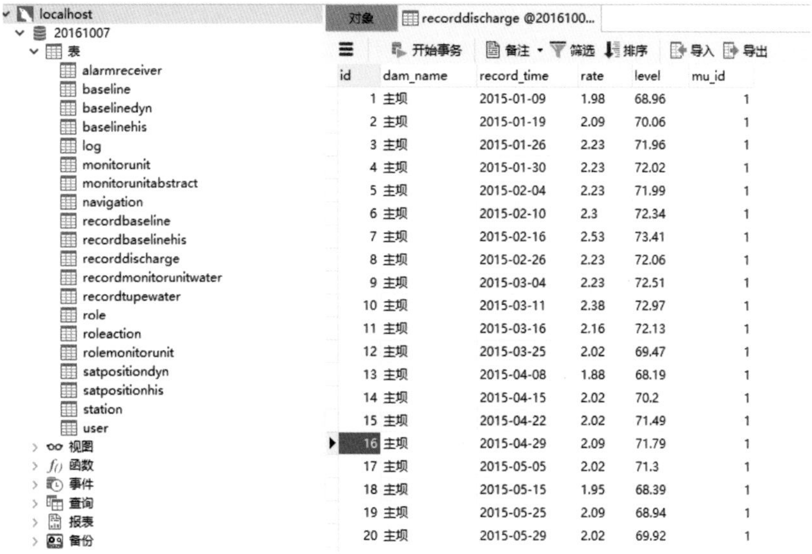

id	dam_name	record_time	rate	level	mu_id
1	主坝	2015-01-09	1.98	68.96	1
2	主坝	2015-01-19	2.09	70.06	1
3	主坝	2015-01-26	2.23	71.96	1
4	主坝	2015-01-30	2.23	72.02	1
5	主坝	2015-02-04	2.23	71.99	1
6	主坝	2015-02-10	2.3	72.34	1
7	主坝	2015-02-16	2.53	73.41	1
8	主坝	2015-02-26	2.23	72.06	1
9	主坝	2015-03-04	2.23	72.51	1
10	主坝	2015-03-11	2.38	72.97	1
11	主坝	2015-03-16	2.16	72.13	1
12	主坝	2015-03-25	2.02	69.47	1
13	主坝	2015-04-08	1.88	68.19	1
14	主坝	2015-04-15	2.02	70.2	1
15	主坝	2015-04-22	2.02	71.49	1
16	主坝	2015-04-29	2.09	71.79	1
17	主坝	2015-05-05	2.02	71.3	1
18	主坝	2015-05-15	1.95	68.39	1
19	主坝	2015-05-25	2.09	68.94	1
20	主坝	2015-05-29	2.02	69.92	1

图 7-20　数据批量导入结果示例

2）监测系统界面手工录入

对于数据量较少的情况，可以直接登入变形监测系统，在基础数据录入模块下进行数据的录入、修改和删除等操作。以测压管水位数据录入为例，系统界面如图 7-21 所示。

图 7-21　基础数据录入管理界面

单击"新增"按钮，在图 7-22 所示的弹出窗口中录入单次的测压管水位观测记录数据，单击"保存"，即可完成一条数据记录的录入工作。

图 7-22　数据录入界面

7.5.3　数据融合分析

　　基于各种监测数据的存储结构和相互关系，变形监测系统实现了多种数据的时间序列分析、相关性分析和回归分析，自动绘制图表，如图 7-23 ~ 图 7-26 所示。

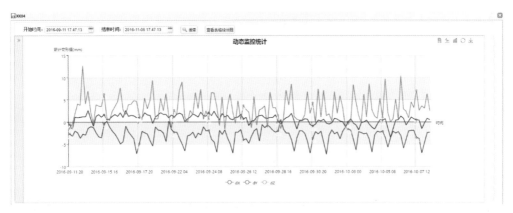

图 7-23　XK04 站三维累计变形值序列

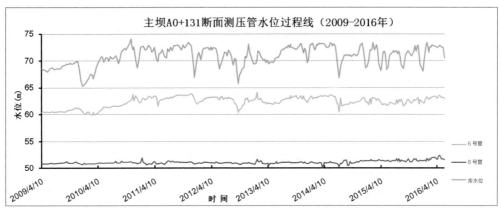

图 7-24　测压管水位与库水位变化序列

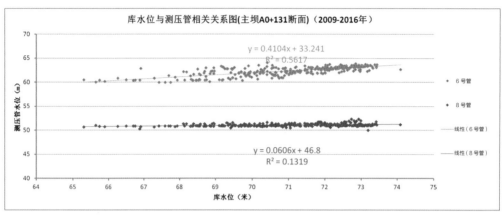

图 7-25　库水位与测压管水位相关性分析

图 7-26　基于 InSAR 结果的回归分析

第三篇
构建水库群的安全风险智能感知网络

水库群安全风险智能感知，需要将多种技术进行组合应用，以发挥各技术的最大优势。

在安全监测数据的采集方面：以 InSAR 大范围监测技术为基础，对区域内水库工程进行全覆盖监测；以 GNSS 实时全天候监测技术为核心，对重要设施开展实时连续监测，对紧急情况下（如台风、特大暴雨、灾后等）的特殊点位开展应急监测，以传统人工手段开展辅助性监测；扩展应用多源传感器技术，综合各种技术手段，做到"点面结合无盲区，主次有序高效率"。建立高效、精准、经济的安全风险智能感知网络，形成水库群安全监管新模式。

通过充分的数据采集和资料整编，了解水库运行状态，识别水工设施风险源；依据大坝具体情况和特点，建立大坝安全风险管控体系，使工程管理人员和上级管理部门及时掌握大坝的实际状态；建立大坝安全风险评价体系，实现水库坝体的健康诊断及安全预警。基于风险监控结果，辅助动态调节库容，提高水库蓄供水和调洪能力，充分发挥水利工程的经济效益和社会效益。

对土石坝监测的最终目的是预防风险，对所有监测数据实行综合管理，即实现智能感知、风险评估、异常预警、应急管理，建立一套风险监控预警平台，以便实现土石坝的安全管理。将上述的风险监控预警平台应用在市、区（县）一级以实现对所辖范围内的中小型水库统一管理，形成水库群的安全风险智能感知网络。

第 8 章　水库群安全监测：安全风险智能感知

8.1　全域覆盖的 InSAR 普查监测

  及时发现安全风险的存在是有效应对安全风险的先决条件。长期以来，受经济条件和技术条件的限制，水库管理人员主要采用巡视检查的方式发现安全风险。然而人的感知能力是有限的，难以发现那些肉眼不可见的趋势性变化。仪器监测手段能发现更细微的变化，但是传统的仪器监测效率太低，无法实现全覆盖监测。

  InSAR 监测技术具备大范围快速监测的能力，可以从一定程度上解决全覆盖监测的难题。利用 InSAR 技术可对区域内水库群大坝与库岸边坡等重要设施及其周边地表等进行普查性的全覆盖监测，检查水源工程设施是否存在潜在的隐患部位，指导 GNSS、人工监测等手段开展有针对性的表面变形监测，实现高效低成本的 InSAR 全覆盖监测。以南方某市为例，高分辨率 SAR 影像覆盖情况如图 8-1 所示，可知两景高分辨率 SAR 影像即可覆盖绝大部分区域。

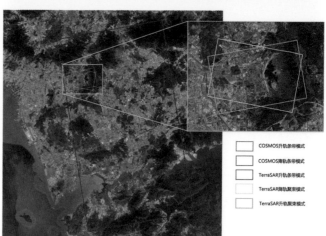

COSMOS升轨条带模式
COSMOS降轨条带模式
TerraSAR升轨条带模式
TerraSAR降轨聚束模式
TerraSAR升轨聚束模式

图 8-1　几种高分辨率 SAR 卫星影像在南方某市覆盖情况

大范围的 InSAR 监测工作通常可以分为历史追溯监测和定期更新监测两个部分来开展。

利用存档雷达卫星影像数据，可实现监测区域历史变形序列的追溯，通过与其他数据联合，分析各水库大坝及库岸边坡等在过去几年内的变化规律，识别历史隐患部位并在隐患数据库中进行标记。针对识别出来的隐患，后续开展 InSAR 跟踪监测或是部署 GNSS 监测点开展自动化监测。

定期更新监测是一个长期持续的过程。在水库运行管理过程中，可设置固定的频次开展定期 InSAR 更新监测，对历史隐患部位进行跟踪监测，对新增隐患部位进行识别和标记，及时发现监测部位在一段时间内的异常变化趋势并做出预警。以现有的数据源如 TerraSAR-X，可实现每隔 11 天进行 1 次数据更新。定期更新监测频次的选择需要综合考虑经济成本和监测效果：监测频次越高，对应的 SAR 原始数据查询和数据处理成本越高；监测频次越低，越不利于消除观测误差、提升监测精度，极端情况下甚至可能因干涉失相干而无法获取监测结果。一般来说，在南方多雨、植被茂密地区，影像时间间隔不宜超过 1 个月，而在北方少雨地区则可适当延长。

InSAR 监测技术是基于利用地物对电磁波的后向散射特性，如果在较短的时间内地物发生了大幅度变化，就会导致 InSAR 监测技术失效。比如，若大坝表面生长有茂密的草皮，其生长过程和草皮养护过程就会对 InSAR 监测结果产生极其不利的影响。

在 InSAR 监测过程中，应对植被茂密的一个常用手段是采用波长更长的 SAR 数据源，如 C 波段、L 波段。长波长的 SAR 数据虽然更有利于进行干涉处理，但是变形监测的精度也会随之降低。例如，L 波段一般用来提取厘米级精度的变形信息。

针对地物变化区域开展 InSAR 监测的一个折中方案是，布设人工角反射器以构建一个稳定的后向散射信号，从而提升 InSAR 监测成果的可靠性和延续性。针对水库大坝的定期监测，可在坝面增设 InSAR 角反射器，用于增强雷达发射信号、支持多卫星数据融合、提升 InSAR 监测精度。

8.2　重要设施的全要素自动化监测

对于相对重要的中小型水库土石坝监测，可以集成 GNSS 及其他传感器技术，实现表面变形、内部变形、渗流压力、渗流量、环境量等全要素自动化监测。此处针对内部变形、渗流压力、渗流量等要素的自动化监测做进一步阐述。

8.2.1　内部变形监测

坝体（基）内部变形，对建筑物级别为 1 级、2 级的土石坝来讲是必设项目，包括坝体的垂直位移和水平位移。其监测布置需满足：①坝体（基）内部变形监测断面应布置在最大坝高处、合龙段、地质地形复杂段、结构及施工薄弱部位；②坝体的垂直位移和水平位移监测有垂直和水平两种分层布置方式，这两种方式可结合布置，也可单独布置；③坝基垂直位移和水平位移监测，宜结合坝体监测断面布置。

监测坝体（基）内部变形的仪器分垂直位移监测和水平位移监测两种。监测垂直位移的有：电磁式或干簧管式沉降仪、水管式沉降仪、水平固定式测斜仪、多点位移计等。监测水平位移的有：引张线式水平位移计、垂向滑动式测斜仪、固定式测斜仪、柔性测斜仪等。下面就以某工地固定式测斜仪的测斜孔施工、测斜仪安装与调试、观测数据采集与分析几个方面逐一介绍。

1）测斜管施工

测斜管一般采用钻孔埋设，分为造孔、测斜管安装、孔口保护设施建造三个环节。

（1）造孔：

测斜管孔的钻孔直径一般为 110~120 mm，钻孔过程中取岩芯，并进行岩芯描述。钻孔完毕后全面清孔，除净孔内残留岩粉、杂物。

测斜管孔的深度要满足规范"进入相对稳定区域约 2 m，且钻孔偏斜度不大于 ±3°"的要求。

（2）测斜管安装：

在完成钻孔、取样、清孔后，先将测斜管装上底盖，用螺钉或铆钉固定并密封，然后逐段放入测斜管孔中。放管时，确保测斜管的一对导槽垂直于坝轴线方向。

各段测斜管由专用接头连接，接头处进行了密封处理，可防止浆液和填料进入。接管时对正导槽，使每节测斜管的垂直度偏差小于 1°。

确认测斜管安装完好后，采用膨润土球进行分段回填，每填至 3 ~ 5 m 时进行一次注水，使膨润土球遇水后膨胀并与孔壁结合更牢固，直到测斜管周围残留空间填满为止。

（3）孔口保护：

孔口保护一般采用砖石砌筑，方形结构，能有效防止雨水流入、人畜破坏，并能锁闭且开启方便即可。

2）测斜仪安装与调试

测斜仪可采用固定测斜仪，一般要求仪器的主要参数如下：

测杆直径：25 mm 或 32 mm。

测杆轮距：500 mm。

单孔测点：1 ~ 18 点。

测量范围：±15° 或 ±30°。

灵敏度：≤ 9″。

工程最小读数：±0.02 mm（在 500 mm 长度上）。

测量精度：±0.1%F.S.（满量程）。

采用固定式测斜仪实现自动化坝体内部水平位移观测。在大坝填筑区域内每隔一定的垂直间距布设一个固定测斜仪。具体安装流程如下：

（1）将底部滑轮组与连接管相接，然后穿入螺栓固定。

（2）用钢丝绳将连接好的滑轮组固定绑扎后拉住组件，然后与杆一同放入测斜管中。注意导轮放置在上下游方向的一对导槽中，且高轮（固定轮）应与预期的方向一致。

（3）用接头将连接杆连接加长，达到第一支预定传感器的位置后再进行下一步。

（4）连接传感器及中间滑轮组，滑轮的方向应与上述的方向一致。

（5）继续延长连接杆，并将传感器电缆用尼龙扎带绑扎在连接杆上。

（6）重复上述步骤，直至最后一根连接杆安装完毕。

（7）安装顶部托架装置并将电缆引出测斜管口，然后将顶部托架卡在管口上。

（8）安装管口保护装置。

（9）用读数仪检查各个传感器初始读数并记录，安装完毕。

固定式测斜仪安装如图8-2所示。

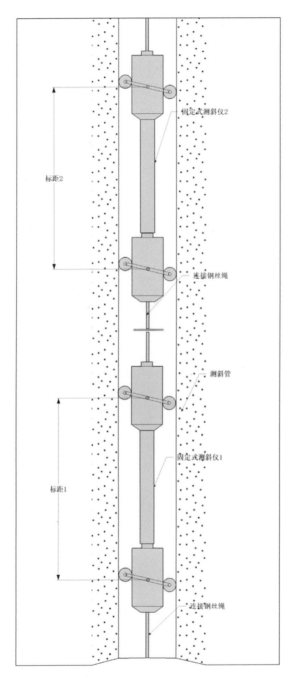

图 8-2　固定式测斜仪安装示意

3）　观测数据采集与分析

测斜仪监测数据采集，采用自主开发的数据采集软件模块，从通信串口中读取监测数据。每台测斜仪配套安装一个 LoRa 无线数据采集仪，与渗压计采集仪共用 LoRa 无线网关，用于采集和传输监测数据。

选择某一段时间的观测数据，绘制深层水平位移变化曲线如图 8-3 所示。观测期间，各测斜传感器的数据较为稳定，变化幅度在 1 mm 以内，说明 1 号主坝体未出现明显变形。

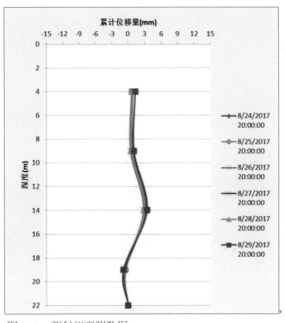

图 8-3　测斜仪观测数据

8.2.2　渗流压力监测

渗流压力监测一般采用渗压计配合测压管进行观测。若现场无测压管或不能正常工作，则应重新布设测压管；若现场有测压管，需先检查现有测压管是否能够正常工作。

1）　测压管钻孔

测压管钻孔具体流程如下：

（1）开孔按设计孔位进行，与实际有偏差时，记录实际孔位。

（2）造孔均宜采用岩芯管冲击法干钻，并对岩芯做编录描述。严禁用泥浆固壁。需要防止塌孔时，可采用套管护壁。

（3）钻孔过程中，应对钻孔压力、芯样长度及其他能充分反映岩石特性的因素进行监测和记录。

（4）钻孔过程中，所有钻孔应进行孔斜测量，并采取措施控制孔斜，对于坝体、坝基渗流孔每 50 m 应小于 3°。对于绕坝渗流孔及水位孔每 100 m 应小于 1°。如发现钻孔偏斜超过规定，应及时纠偏，采用水平位移立轴法、回填封孔法等其他补救措施。纠偏无效时，应重新钻孔。

（5）钻孔孔深最大误差不得超过 50 mm，并要求孔壁光滑。若孔口段要求扩孔，扩孔段应与钻孔同心。

（6）钻孔工作结束后，要进行注水或提水试验。

（7）监测仪器埋设之前，应用压力水、风进行冲洗。先用压力水将孔道内的钻孔岩屑和泥沙冲洗干净，直至回水变清 10 分钟结束。再向钻孔内送入压缩空气，将孔内的积水排干。

（8）钻孔终孔后，应及时绘制钻孔柱状图及记录表，详细记录岩石特性、初见水位、稳定水位、孔深等资料。

（9）坝体及坝基钻孔的终孔条件原则上按设计孔底高程控制，若遇淤泥或淤泥质土应穿透后再进行埋设。

2）注水试验

注水试验应在库水位相对较稳定时进行。试验前先测定管中水位，然后向管内注入清水。注入后不断观测水位，直至恢复到或接近注水前的水位。对于黏壤土，注入水位在 120 小时内降至原水位为灵敏度合格；对于沙壤土，24 小时降至原水位为灵敏度合格；对于沙砾土，1 ～ 2 小时降至原水位或注水后水位升高不到 3 ～ 5 m 为合格。

3）设备选型

渗流压力观测的主要技术要求如下：提供的渗流压力监测成果数据应能实时在线查询。

渗压计的主要性能指标为：渗压计可采用钢弦式或陶瓷电容式渗压计，应具有灵敏度高、长期稳定性好、温度影响小等优点，参考品牌为 Geokon、Roctest 等。

渗压计的主要技术指标应满足：

（1）量程：350 kPa、700 kPa 等（根据具体部位确定）。

（2）精度：±0.1%F.S.。

（3）分辨率：0.025% F.S.。

（4）工作温度：-20 ～ 60℃。

4）渗压计算方法

当外界温度恒定，渗压计仅受到渗透（孔隙）水压力时，其压力值 P 与输出的频率模数 $\triangle F$ 具有如下线性关系：

$$P=k \cdot \triangle F$$
$$\triangle F=F_0-F$$

（8-1）

式中：k——渗压计的测量灵敏度，单位为 kPa/kHz^2；

$\triangle F$——渗压计基准值相对于实时测量值的变化量，单位为 kHz^2；

F——渗压计的实时测量值，单位为 kHz^2；

F_0——渗压计的基准值，单位为 kHz^2。

当作用在渗压计上的渗透（孔隙）水压力恒定时，而温度增加 $\triangle T$，此时渗压计有一个输出量 $\triangle F'$，这个输出量仅仅是由温度变化而造成的，因此在计算时应给以扣除。实验可知 $\triangle F'$ 与 $\triangle T$ 具有如下线性关系：

$$P'=k \cdot \triangle F'+b \cdot \triangle T=0$$
$$k \cdot \triangle F'=-b \cdot \triangle T$$
$$\triangle T=T-T_0$$

（8-2）

式中：b——渗压计的温度修正系数，单位为 $kPa/℃$；

$\triangle T$——温度实时测量值相对于基准值的变化量，单位为 ℃；

T——温度的实时测量值，单位为℃；

T_0——温度的基准值，单位为℃。

当渗压计受到渗透（孔隙）水压力和温度的双重作用时，若大气压力有较大变化，应予以修正。渗压计的一般计算公式为：

$$P_m=k \cdot \triangle F+b \cdot \triangle T=k \cdot (F_0-F) +b \cdot (T-T_0) + (Q_0-Q) \qquad (8-3)$$

式中：P_m——被测渗透（孔隙）水压力量，单位为 kPa；

Q_0——大气压力测量基准值，单位为 kPa；

Q——大气压力实时测量值，单位为 kPa。

注：按水压来表示时，1m 水柱 = 9.81 KPa。

8.2.3　渗流量监测

1）观测技术要求

渗流量观测采用量水堰配合量水堰计进行观测，主要观测技术要求如下：

（1）监测频次：每天 1 次。

（2）量水堰两次水头监测值之差不应大于 1 mm。

（3）提供的渗流量成果数据应能实时在线查询。

量水堰计由项目实施单位负责提供，量水堰计的主要性能指标如下：

（1）量水堰计可采用磁致式量水堰计，具有线性测量、绝对位置输出、非接触式连续测量的特点，参考品牌为 Geokon、Roctest 等。

（2）量程：0 ~ 500 mm。

（3）分辨力：≤ 0.5 mm。

（4）测量精度：±0.1%F.S.。

（5）环境温度：−20℃ ~ 50℃。

2）量水堰计安装要求

量水堰计应安装在堰板的上游大于或等于 100 cm 处，在堰槽的侧壁做一内凹竖槽，在底部开一个安装洞，安装洞应为 ϕ 15 cm 的孔，深为 10 cm，如图 8-4、图 8-5 所示。

将量水堰计的防污管安放在安装洞内，用混凝土浇筑固结，浇筑高度不得大于 10 cm，防止砂浆进入防污管。防污管安装时，为保持管体垂直，需用上端盖上的水平泡调整上端面水平。安装时防污管内严禁杂物进入。

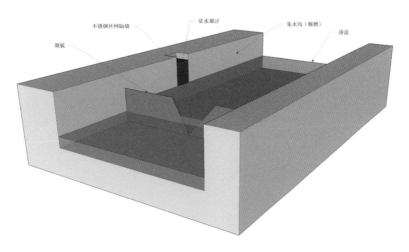

图 8-4　量水堰计安装效果图

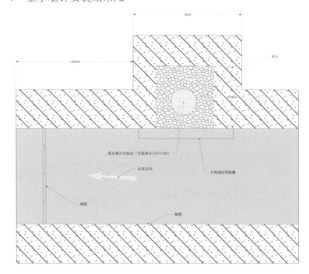

图 8-5　量水堰计安装俯视图

量水堰计槽式安装埋设要考虑水流对测量的影响以及水垢、青苔对仪器测量的影响。

现场安装之前应对磁致伸缩液位传感器、浮子等组件进行检查，确保仪器正常才能安装。安装和搬运过程中不可使测杆弯曲，切勿使传感器的电子仓端或末端承受大的冲击。

每个量水堰计配套安装一个 LoRa 无线数据采集仪，与渗压计采集仪共用 LoRa 无线网关，用于采集和传输监测数据。

3）渗流量计算方法

堰槽水位变化量计算公式为：

$$\triangle H = K \cdot (F - F_0) \qquad (8\text{-}4)$$

式中：$\triangle H$——堰槽中的水位变化量，单位为 mm；

K——量水堰计传感器标定系数，单位为 mm/kHz^2；

F——量水堰计的实时测量值，单位为 kHz^2；

F_0——量水堰计的基准值，单位为 kHz^2。

堰上水头计算公式为：

$$H = H_0 + \triangle H / 1000 = H_0 + K \cdot (F - F_0) / 1000 \qquad (8\text{-}5)$$

式中：H——堰上水头，单位为 m；

H_0——堰上水头初始值，单位为 m；

$\triangle H$——堰槽中的水位变化量，单位为 mm。

当量水堰计水位变化值 $\triangle H$ 为正值时表示堰槽水位升高；当量水堰计水位变化值 $\triangle H$ 为负值时表示堰槽水位降低。

直角三角形堰自由出流的流量计算公式为：

$$Q = 1.4 H^{5/2} = 1.4\left[H_0 + K \cdot (F - F_0)/1000\right]^{5/2} \cdot b \qquad (8\text{-}6)$$

式中：b——堰坎宽，单位为 m。

8.3　水库群动态安全监测

8.3.1　项目背景

南方某市 L 区水库众多，归属水务局管理的 42 座水库中，小（一）型水库 15 座，小（二）型水库 27 座。水库群起初以农田灌溉为主并结合防洪、发电等综合利用。经济特区成立后，随着城市经济高速发展和城市规模不断扩大，已转为城市供水和防洪功能，且由于该市境内无大江、大河、大湖、大库，蓄滞洪能力差，当地水资源供给严重不足，水库群成为水资源储备的重要基础设施。

为保障水库大坝安全，相关部门开展了大坝安全监测工作。但以往受经济条件和技术手段的制约，仅在中型以上水库和部分小型水库开展安全监测工作，监测频次较低，以人工观测手段为主。对于大部分小型水库，建设年代久远，工程等级为 IV 等，安全监测等级较低，水库表面和内部监测设施都较为缺乏。

随着经济高速发展和城市规模不断扩大，水库周边的人口和建筑物密集度不断增加，原有的水库设施（大坝、库岸边坡、水闸等）变形监测标准已不适应该市迅速发展的形势和新的监测需求。该市人民政府于 2017 年 7 月出台了小型水库管理办法，明确要求加强小型水库安全运行管理。结合形势及水库周边条件的变化，加强水务设施安全监测、适当提高安全监测标准、有效管控水务设施安全风险，是今后水库管理的工作重点。

L 区水库群安全管理面临的主要问题有：监测设施缺乏，与小型水库管理办法的要求存在差距；采集效率低下，人工采集为主，自动化程度不高，单次采集周期长；技术水平参差不齐，监测技术人员素质整体水平不高，专业监测人员不足；恶劣天气应对能力不足，台风暴雨期间无法及时反馈监测信息；应急监测能力不足，未实现在线应急监测，难以应对特殊工况。面对水库安全管理中存在的问题，安全监测需要采取新思路、使用新技术，为提升安全监测工作质量，项目组提出了开展水库群动态安全监测服务项目。

8.3.2　项目范围

归 L 区水务部门管理的 42 座水库中，前期已有 2 座水库建设有自动化监测设施，另有 2 座水库坝体背水坡已被填平。因此将剩余的 38 座水库作为监测对象，包括小（一）型水库 12 座、小（二）型水库 26 座，其中仅有 2 座水库建有变形观测墩，20 座水库建有渗流渗压监测设施，观测方式均为人工观测。L 区水库群分布如图 8-6 所示。

图 8-6　L 区水库群分布情况

8.3.3　项目目标

为满足城市公共安全建设的需要，加强 L 区小型水库的安全管理势在必行。这就要求做到动态掌握重要水源工程的安全状况，开展相关安全监测工作，为管理部门定期提供全面、丰富、可靠的安全监测信息，在出现异常情况时及时预警。项目将实现以下目标：

（1）根据小型水库管理办法的要求，完善 L 区环境保护和水务局管辖范围内水库群的安全监测设施。

（2）建立以物联网、卫星技术为核心的全覆盖精准高效监测能力，提升 L 区水库群工程安全管理水平。

（3）对水库群开展定期安全监测服务。

8.3.4　技术路线

南方某市人民政府于 2017 年 7 月出台了小型水库管理办法，明确要求加强小型水库安全运行管理。结合形势及水库周边条件的变化，加强水务设施安全监测，适当提高安全监测标准，有效管控水务设施安全风险。本项目根据上述管理办法，结合《土石坝安全监测技术规范》（SL 551—2012）的要求，设置安全监测内容。

将全部小（一）型水库和坝高 15 m 以上的小（二）型水库作为项目的工作重点，按《土石坝安全监测技术规范》（SL 551—2012）三级建筑的要求，设置土石坝安全监测内容，包括巡视检查、表面变形监测、渗流量监测、渗流压力监测、库水位监测等，如图 8-7 所示。

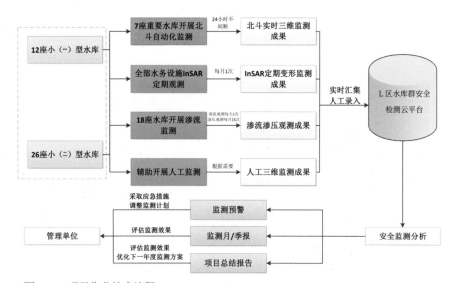

图 8-7　项目作业技术流程

1）InSAR 变形监测

采用 InSAR 面状监测技术，对水库群的大坝、库岸边坡及其重要水工设施，开展为期 1 年的 InSAR 变形监测服务工作。

对全部 38 座水库［12 座小（一）型水库和 26 座小（二）型水库］，利用 InSAR 监测技术对大坝、库岸边坡、水闸等重要水务设施进行普查性的全覆盖监测，检查水务设施是否存在潜在的隐患部位，使用其他监测手段开展有针对性的安全监测。为提升 InSAR 监测成果的可靠性和延续性，项目在坝面增设 InSAR 角反射器，用于增强雷达发射信号、支持多卫星数据融合、提升 InSAR 监测精度。需要布设 InSAR 角反射器 243 个，其中基准点角反射器 6 个。基准点角反射器分布于 6 座水库。迎水面及背水面角反射器安装效果如图 8-8、图 8-9 所示。

图 8-8　迎水面 InSAR 角反射器

图 8-9　背水面 InSAR 角反射器

2）北斗变形监测

采用北斗监测和 InSAR 监测相结合的方式开展水库群变形监测。针对海拔位置较高的水库、下游人口密集的水库和重要的供水水库等 7 座水库，作为变形监测工作重点，开展北斗变形监测工作，实现全天候、自动化、三维变形监测。

经统计，7 座水库坝体表面已有 23 个观测墩。实施过程中，新增了 6 个基准站观测墩、8 个校核点观测墩和 42 个监测站观测墩。基准站观测墩分布于 6 座水库，另有 1 座水库利用邻近水库的基准站。北斗变形点和基准点在各水库的分布情况见表 8-1。北斗监测基准站及监测站安装效果如图 8-10、图 8-11 所示。

表 8-1　北斗监测点布设情况

序号	水库名称	水库等级	大坝数量	开展监测的大坝数量	监测站观测墩	基准站观测墩	校核点观测墩
1	K 水库	小（一）型	2	2	主坝体：新增 8 个 1 号副坝：新增 4 个	1 个	2 个
2	L 水库	小（一）型	1	1	已有 11 个	1 个	1 个
3	D 水库	小（一）型	2	1	主坝体：新增 6 个	1 个	1 个
4	M 水库	小（一）型	3	2	主坝体：已有 9 个 2 号副坝：已有 3 个	1 个	1 个
5	N 水库	小（一）型	2	1	主坝体：新增 6 个	—	—
6	O 水库	小（一）型	1	1	新增 9 个	1 个	1 个
7	P 水库	小（二）型	1	1	新增 9 个	1 个	2 个
小计			12	9	已有 23 个；新增 42 个	6 个	8 个

图 8-10　北斗监测基准站

图 8-11　K 水库北斗监测站

3） 渗流量监测

采用量水堰计实现自动化观测，结合低功耗物联网技术实现远程数据采集传输，共利用已有量水堰 21 个。量水堰计采用葛南 GL-1A 型磁致式量水堰计，具有线性测量、绝对位置输出、非接触式连续测量的特点。量水堰计安装效果如图 8-12 所示。

图 8-12 量水堰计安装实景

4） 渗流压力监测

部署测压管，采用渗压计实现自动化观测，结合低功耗物联网技术实现远程数据采集传输，共利用测压管 147 个。渗压数据传输方式如图 8-13 所示。

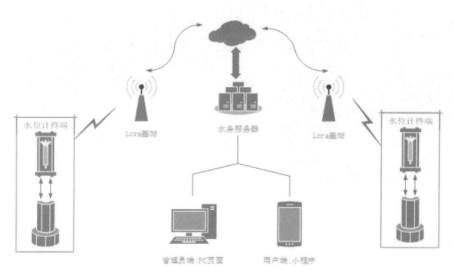

图 8-13 渗压数据传输方式

采用低功耗物联网 LoRa 技术实现渗压远程数据采集传输。LoRa 通信系统包括集中网关和数据采集终端。集中网关可通过 LoRa 与现场监测终端通信，读取终端设备采集的数据，并通过互联网将数据统一发送至后台服务器。集成低功耗物联网技术的采集终端，读取传感器数据后，能通过无线数据传输的方式，将监测数据直接从传感器传输至控制中心。

数据采集终端具有低功耗特性，采用内置电池供电，不需接入外部电源，在不更换电池的情况下可连续运行 3~5 年。采用物联网技术，使得大坝渗流监测不用铺设电缆，部署方式灵活，能有效降低成本。

8.3.5　在线监测服务

1）　在线监测平台

基于自主开发的水工程安全监测云平台，实现监测数据采集、管理、分析与预警等功能。如图 8-14 所示，数据采集模块实现北斗监测、渗流量监测、渗流压力监测数据的在线采集，同时通过接口导入 InSAR 定期监测数据。

图 8-14　传感器监测数据采集

数据管理模块包括水库信息、变形监测、渗流量监测、渗流压力监测、水雨情监测、安全预警等部分。

水库信息主要包括基本特性、特征水位、特征库容等参数，同时包括水库大坝及边坡监测设备的平面布置图、断面布置图等信息。水库信息查询界面如图 8-15 所示。

图 8-15 水库信息查询界面

变形监测主要包括 InSAR 变形监测数据和北斗变形监测数据。InSAR 变形监测数据的显示如图 8-16 所示，查询方式包括单点变形序列查询如图 8-17 所示、多点变形序列查询、断面查询等。用户可通过点号或点位置实现北斗监测数据的查询，数据显示形式包括列表、变形曲线（图 8-18）、横断面、纵断面等。

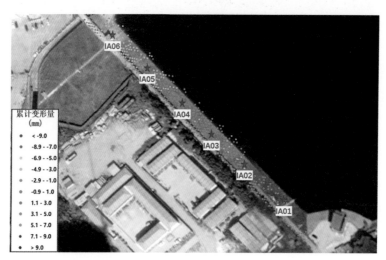

图 8-16 InSAR 监测点变形速率

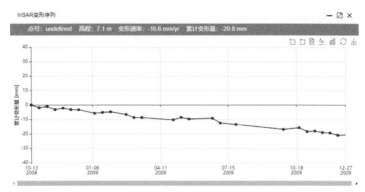

图 8-17　InSAR 监测点变形序列曲线

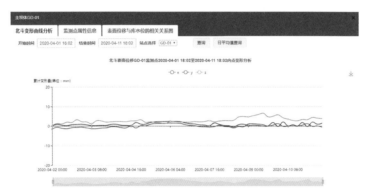

图 8-18　表面变形数据可视化

渗流量监测主要内容为 L 区水库群 21 个量水堰计的监测数据，用户可查询水库当前流量和历史流量变化曲线，如图 8-19 所示。

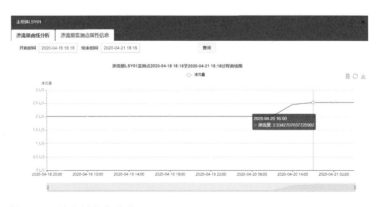

图 8-19　渗流量变化曲线

渗流压力监测主要内容为 L 区水库群 147 个渗压计的监测数据，查询形式包括列表查询、监测点渗流压力变化曲线（图 8-20）、渗流压力横断面、渗流压力纵断面。

图 8-20　渗流压力变化曲线

水雨情监测主要内容包括降雨量、水位、温度等信息。降雨量查询包括当日降雨量、本月降雨量、本年度降雨量。库水位包括当前库水位和库水位变化曲线，同时平台可根据库水位计算库容变化。温度查询包括当前温度和历史温度曲线。

安全预警模块支持基于变形数据、渗流压力数据、渗流量监测数据的预警。可根据监测数据的变化规律和水库大坝特性，设定不同监测数据类型和监测点位的预警阈值。后续在监测过程中，如果监测数据超过预警值，平台即会自动报警，并向平台管理人员和水库管理人员发送预警信息。

2） 移动应用 APP

项目组所开发的 APP 程序具备数据查询、数据分析、险情上报等功能。所支持查询的监测数据包括水库基本信息、变形监测数据、渗流压力监测数据、渗流量监测数据、水雨情数据等。所支持的数据分析功能包括统计分析等。同时，用户可利用数据上传功能来记录水库巡逻过程中所拍摄的照片。图 8-21 为 APP 主界面和测点浏览界面，图 8-22 为监测数据浏览界面，图 8-23 为过程曲线分析界面，图 8-24 为预警信息和台风信息界面。

图 8-21　APP 主界面和测点浏览

序号	点号	部位	RX(mm/d)	TX(mm)	详情
1	GA-01	主坝	0.3	1.0	⊕
2	GA-02	主坝	0.5	1.8	⊕
3	GA-03	主坝	-0.4	-0.5	⊕
4	GA-04	主坝	-0.7	0.3	⊕
5	GB-01	主坝	-0.3	-0.5	⊕
6	GB-02	主坝	-0.3	-0.9	⊕
7	GB-03	主坝	-0.7	-0.3	⊕
8	GC-01	主坝	-0.7	0.7	⊕
9	GC-02	主坝	0.7	-0.1	⊕
10	GD-01	副坝2	2.9	2.2	⊕
11	GD-02	副坝2	1.3	0.1	⊕
12	GD-03	副坝2	2.5	1.3	⊕

GNSS　渗压计　InSAR　渗流计

序号	点号	部位	变形速率(mm/y)	累计值(m)	详情
1	IA-01	主坝	-	1.00	⊕
2	IA-02	主坝	-	1.10	⊕
3	IA-03	主坝	-	0.80	⊕
4	IA-04	主坝	-	2.30	⊕
5	IB-01	副坝1	-	0.70	⊕
6	IB-02	副坝1	-	1.50	⊕
7	IB-03	副坝1	-	1.20	⊕
8	IC-01	副坝1	-	-0.80	⊕
9	IC-02	副坝1	-	-1.60	⊕
10	IC-03	副坝1	-	-2.70	⊕
11	ID-01	副坝2	-	-0.60	⊕
12	ID-02	副坝2	-	-1.70	⊕
13	ID-03	副坝2	-	-0.40	⊕
14	IE-01	副坝2	-	0.40	⊕
15	IE-02	副坝2	-	-1.80	⊕
16	IE-03	副坝2	-	1.00	⊕

图 8-22　监测数据浏览

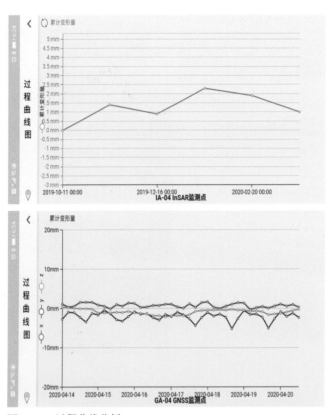

图8-23　过程曲线分析

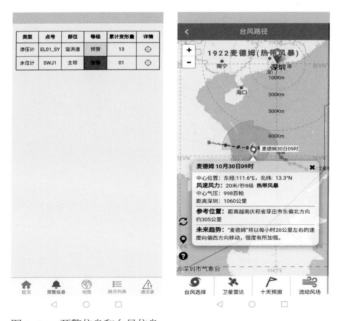

图8-24　预警信息和台风信息

8.3.6　水库群监测应用示范小结

L 区水库群安全监测应用表明，同时运用 InSAR 监测、北斗监测、渗流传感器和物联网监测技术，根据不同的水库等级、大坝特性以及管理要求，对重要水库开展表面变形和渗流渗压的实时在线监测，对全部水库实现 InSAR 全覆盖监测，可以主次有别地构建空间连续、时间连续、要素齐全的安全监测系统，实现高效精准的小型水库群安全监测。项目的成功实施对以行政区为单位开展水库群安全监测具有重要的示范作用和借鉴意义。

示范应用过程中，项目组定期向管理单位提供了监测月报。通过应用进一步证明：利用小型角反射器技术，能有效避免植被生长对 InSAR 监测的不利影响；结合角反射器自动识别和监测信息提取技术，能实现快速数据分析处理。

第9章 健康诊断：多源数据支撑的土石坝健康诊断

2018 年 3 月，水利部印发《关于进一步加强水库大坝安全管理的意见》，以进一步强化水利系统水库大坝的安全管理，确保工程安全运行，充分发挥工程综合效益。意见中明确指出：制定水库调度规程，规范水库科学调度运用；定期开展大坝安全鉴定，及时掌握大坝安全状况；从监测设施建设、更新改造、运行维护和监测数据分析等方面，全方位提高安全监测能力；编制水库大坝安全管理应急预案，加强宣传、培训和演练，不断提升应急处置能力；加快推进水库确权划界，加强库区水域岸线管理；落实小型水库管护责任、人员和经费，加强小型水库安全监管、巡视检查和安全监测。

通过充分的数据采集和资料整编分析，了解水库运行状态，识别水工设施风险源，并依据大坝具体情况和特点，建立大坝安全风险管控体系，使工程管理人员和上级管理部门及时掌握大坝的实际状态，建立大坝安全风险评价体系，实现水库坝体的健康诊断及安全预警。基于风险监控结果，辅助动态调节库容，提高水库蓄供水和调洪能力，充分发挥水利工程的经济效益和社会效益。

9.1 大坝运行安全风险

1987 年国际大坝委员会（ICOLD）的第 59 号通告《大坝安全指南》首次给出了大坝安全的定义：将大坝实际状态和那些导致它溃决或者恶化的状态区分开来的范围。该定义通过描述大坝安全的对立状态以区别出大坝安全的状态，强调的是大坝的工程性态。1994 年澳大利亚大坝委员会（ANCOLD）发布的《大坝安全管理指南》中，明确提出了水库大坝下游的安全问题（生命、经济及环境）。1999 年加拿大大坝协会（CDA）发布的《大坝安全导则》则给出了安全的大坝的定义，增加了政府、公众、财产等重要内容。2002 年世界银行（WB）发布的《水坝安全法律框架比较研究报告》，明确提出了大坝安全包括工程安全与生命、健康、财产及环境安全的现代大坝安全理念。2004 年美国陆军工程师团（USACE）发布的《大坝安全——政策与过程》，给出了迄今为止最全面的大坝安全的定义，它包含三层含义：工程安全性与耐久性；大坝风险应满足社会和公众的可接受风险；降低风险至可接受风险的措施和办法。

从大坝安全定义的发展来看，大坝安全已经由工程安全发展为大坝系统的整体安全性。大坝系统包括上游影响区子系统、大坝子系统及下游影响区子系统。

大坝安全风险是指在一定时空条件下，大坝受不确定因素的影响，发生安全事故（漫坝、溃坝等）的概率及对上下游可能产生后果的严重程度，可用事故发生的概率（一般称为"风险率"）与其导致可能后果的乘积来度量。大坝安全风险是贯穿大坝全生命周期的，在大坝全生命过程的每一阶段——勘察设计、施工、运行、维修、报废等都存在着大坝安全风险。

大坝运行安全风险是指大坝建造完成投入运行后的风险。这一阶段占大坝全生命期的时间最长，不确定性因素最大，对社会及环境影响最大。

9.2　多源监测数据智能感知

9.2.1　安全隐患检测

多源监测数据智能感知，既包括依靠智能传感器的感知功能，也包括大坝的安全隐患检测，即利用地球物理勘探及相关的设备与方法对大坝进行定期与不定期的检测。主要包括：迎水坡面板外观裂缝检查、坝体渗漏通道探测、输水底涵（隧洞）检测、坝体密实检测、土体空洞（蚁穴、鼠洞）、面板脱空探测等。

（1）迎水坡面板外观裂缝检查：

①水上部分：通过人工检查面板是否存在裂缝、破损等情况，用超声波法检测裂缝深度，绘制缺陷分布图。

②水下部分：采用水下机器人检测裂缝、破损等情况。

（2）坝体渗漏通道探测：采用高密度电测深、直流充电法探测渗漏通道。高密度电测深主要用于探测坝体内湿润区，直流充电法主要用于追索排水棱体漏水点的渗漏通道。

（3）输水底涵、隧洞检测：

①底涵、隧洞质量：对于工作人员可以进入内部作业的底涵、隧洞，采用人工摄像或素描检查底涵外观裂缝、锈蚀等缺陷；对于工作人员无法进入内部作业的底涵、隧洞，采用内窥技术摄像、检查底涵外观裂缝、锈蚀等缺陷，进一步则采用水下机器人（ROV）携

带的超声波设备检查输水底涵（隧洞）的内部质量。

②底涵、隧洞周边土体密实情况：对于工作人员可以进入内部作业的底涵、隧洞，用地质雷达探测底涵与周围土体是否接触密实，对于工作人员无法进入内部作业的底涵、隧洞，用瑞雷面波勘探法在坝面开展探测工作，探测涵管周围土体密实情况。

（4）坝体密实检测：主要采用瑞雷面波勘探法检测坝体密实情况，检测坝体是否存在土体松散区。

（5）土体空洞（蚁穴、鼠洞）、面板脱空探测：先通过地面调查检查坝体及周边是否存在鼠洞、蚁穴，在发现鼠洞、蚁穴的地方布置适量地质雷达（高密度电法）剖面探测鼠洞、蚁穴的深度、走向等情况；面板脱空采用地质雷达方法探测。具体的工作方法为：

①高密度电测深：利用渗漏通道与坝体之间明显的电阻率差异，探测渗漏通道、坝体湿润区。高密度电测深具有设备简单、使用方便、准确度高、对工程无破损等特点。在观测中设置了较高密度的测点，现场测量时，只需将全部电极布置在一定间隔的测点上，然后进行观测。

高密度电测深工作如图9-1所示。由于使用电极数量多，而且电极之间可以自由组合，实现覆盖式的测量。高密度电测深法具有以下优点：一是，电极布设一次性完成，减少了因电极设置引起的干扰和由此带来的测量误差；二是，能有效进行多种电极排列方式的测量，从而可以获得较为丰富的关于地电结构状态的地质信息；三是，数据的采集和收录全

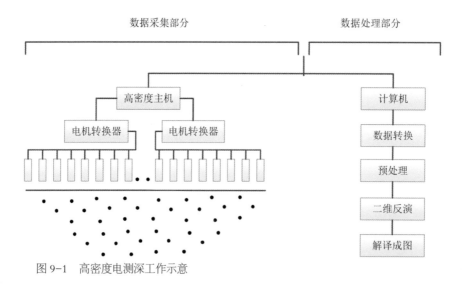

图9-1　高密度电测深工作示意

部实现了自动化，不仅采集速度快，而且避免了由于人工操作所引起的误差和错误；四是，可以实现资料的现场实时处理和脱机处理，大大提高了电阻率法的智能化程度。

②直流充电法：利用渗漏通道与坝体之间明显的电阻率差异，对渗漏通道充电，观测和研究渗漏通道为良导体的充电电场的分布特征。其观测方式根据现场具体情况及不同的要求（对工作效率、分辨能力、细致程度、避免干扰等方面的要求）选择不同的观测方式。一般采用电位和梯度测量的方式。

③地质雷达方法：利用空洞、脱空、坝体之间存在明显的介电常数差异进行探测。地质雷达是一种高频电磁波探测技术，其工作频率高达数十兆甚至数千兆赫兹，是以不同介质之间存在电磁参数差异为探测前提的。在地面上通过发射天线向地下发射高频电磁波，当电磁波在向下传播的过程中遇到具有电磁差异的介质分界面时，部分电磁波被反射回来，利用接收天线接收反射波，并记录反射波到达时间，沿地面逐点扫描，确定空洞、脱空的深度和形态。地质雷达工作如图 9-2 所示。

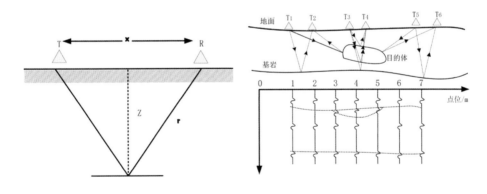

图 9-2　地质雷达工作示意

④瑞雷面波勘探法：利用瑞雷面波在层状介质中的几何频散特性进行分层的一种地震勘探方法，按激振方式分为稳态和瞬态。面波勘察具有地层高分辨的特点，同时获得地层的参数。其原理是面波具有频散特性，其传播的相速度随频率的改变而改变，这种频散特性可以反映地下介质的特性。应用瞬态法进行现场测试时一般采用多道检波器接收，以利于面波的对比和分析。瑞雷面波勘探法如图 9-3 所示。

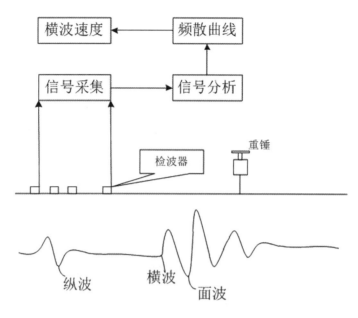

图 9-3　瑞雷面波勘探法工作示意

⑤水下机器人：遥控水下机器人（Remote Operated Vehicle，ROV）系统组成一般包括动力推进器、遥控电子通信装置、黑白或彩色摄像头、摄像俯仰云台、用户外围传感器接口、实时在线显示单元、导航定位装置、自动舵手导航单元、辅助照明灯和浮力拖缆等单元部件。其功能多种多样，不同类型的 ROV 用于执行不同的任务，被广泛应用于军队、海岸警卫、海事、海关、核电、水电、海洋石油、渔业、海上救助、管线探测和海洋科学研究等各个领域。

作业级水下机器人用于水下打捞、水下施工等工作，尺寸较大，带有水下机械手、液压切割器等作业工具，配置摄像头、闭路监控系统（CCTV）、超声波，可进入有水涵管（或水下），进行检测和小型施工。水下机器人如图 9-4 所示。

图 9-4　水下机器人

9.2.2　在线安全监测

对水库实现在线的安全监测，以 GNSS、InSAR 技术为支撑，集成渗流渗压、应力应变、内部变形等多种传感器技术，结合物联网、大数据和云计算技术，研究水库群的安全监测数据采集、数据处理及安全分析，为土石坝的安全监测与管理决策提供有力支持，使工程管理人员和上级部门及时掌握大坝的实际状态，进行大坝安全评价。

9.2.3　监测资料库建立

数据库主要由基础资料数据库、动态监测实时数据库、巡视检查数据库、成果数据库四个部分构成。通过对各个水库水工资料、已有监测资料等进行信息处理，按照要素特性分别归档到空间数据库和水库特性数据库中，形成基础资料数据库。数据采集系统自动采集各种监测设备的数据并录入到动态监测实时数据库中。巡视检查和设备维护过程中获得的现场照片、现场记录数据、设备维护记录等存放到巡视检查数据库中。

再进一步的工作，包括对实时采集的监测数据进行数据分析，结合已构建的预警模型对监测结果进行预警预判，将数据分析和预判的预警结果存放到监测成果数据库中，同时将预判的预警结果自动发送至管理人员；管理人员在综合水工特性、实时监测成果、现场巡视检查结果等各类信息基础上，对预判的预警成果做出人工判别，并录入到监测成果数据库中。数据库逻辑结构图如图 9-5 所示。

基础资料数据库主要用于保存基础的水库特征信息、水位库容关系、水位面积关系、空间地理信息数据以及社会经济及各种文件资料等。主要包括地理信息、防洪工程信息、

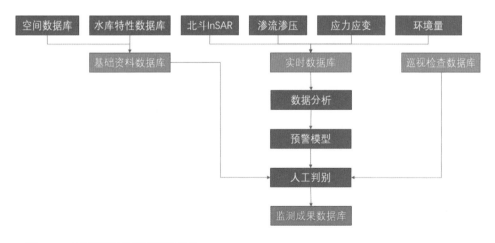

图 9-5　水库群资料数据库逻辑结构

大坝监测设备信息、社会经济信息、水库特征信息以及用户管理等。其中大坝监测设备信息中包括测点编号、类型、孔号、坝轴距、埋设高程、设计埋深、孔口高程、模型参数等。

实时数据库用于存放坝体渗流观测数据、表面变形监测数据、实时气象、水雨情数据和水库、大坝等防洪工程相关的实时工情数据等。经过水雨情观测和大坝安全自动化监测系统，将与大坝安全监测相关的数据自动采集到数据库。

将经过数据分析、综合评价以及预报预警等计算后所得到的分析评价成果保存至成果数据库，同时将系统所需的图形数据以及系统分析成果的图形信息录入图形数据库。

9.3　大坝运行安全风险评价技术

9.3.1　风险标准确定

根据水库工程的实际情况，结合相关技术规范和研究文献，研究确定生命风险标准、经济风险标准、社会与环境风险标准等标准，作为建立风险评价体系的判断准则。

生命风险标准：溃坝对下游生命构成的风险，是溃坝可能性与可能生命损失的乘积。

经济风险标准：溃坝对下游经济构成的风险，是溃坝可能性与可能经济损失的乘积。

社会风险标准：溃坝对下游地区生产生活的稳定性构成的风险。

环境风险标准：溃坝对生态、自然环境及人文遗产等构成的风险。

风险标准一般分为可接受风险、可容忍风险、不可容忍风险和极高风险四个水平。当每年溃坝概率小于 0.001% 时，无论溃坝后果有多大，风险都是可接受的；否则，水库大坝风险可容忍、不可容忍或极高。水库大坝风险分区见表 9-1。

表 9-1　水库大坝风险分区

大坝风险分类	大坝风险分区			
	可接受风险	可容忍风险	不可容忍风险	极高风险
每年个体生命风险	$<1.0 \times 10^{-5}$	$[1.0 \times 10^{-5}, 1.0 \times 10^{-3}]$	$(1.0 \times 10^{-3}, 1.0 \times 10^{-2}]$	$>1.0 \times 10^{-2}$
群体生命风险（人／年）	$<1.0 \times 10^{-4}$	$[1.0 \times 10^{-4}, 1.0 \times 10^{-2}]$	$(1.0 \times 10^{-2}, 1.0 \times 10^{-1}]$	$>1.0 \times 10^{-1}$
经济风险（元／年）	$<3.0 \times 10^{2}$	$[3.0 \times 10^{2}, 3.0 \times 10^{4}]$	$(3.0 \times 10^{4}, 3.0 \times 10^{5}]$	$>3.0 \times 10^{5}$
每年社会与环境风险	$<1.0 \times 10^{-4}$	$[1.0 \times 10^{-4}, 1.0 \times 10^{-2}]$	$(1.0 \times 10^{-2}, 1.0 \times 10^{-1}]$	$>1.0 \times 10^{-1}$

9.3.2　风险原因识别

根据水库工程的实际情况，识别大坝安全风险的来源和影响范围，分别针对洪水漫顶、渗透破坏、结构破坏、坝体滑坡、溢洪道或坝下管涵破坏等潜在失事原因、失事模式和路径、潜在失事损失等进行识别。厘清重要影响因素、次要影响因素和一般影响因素，用于指导开展针对性的风险管控工作。

目前国内外对于溃坝原因的剖析已取得了一定成果，认为溃坝主要原因是洪水漫顶、坝体本身质量问题、管理不当等，也给出了各类溃坝事件的大致比例与年平均溃坝概率[42]。但每座水库都存在一定的特殊性，不能简单套用研究成果，需要根据具体情况具体分析。

1）洪水漫顶

上游发生特大暴雨，导致超标准洪水入库，洪水大大超过水库泄洪能力导致大坝溃决；坝顶高程不够，设计考虑不充分或多年运行发生沉降而达不到设计要求，遇到超恶劣气候风浪过大；设计考虑溢洪道或因泄洪洞的泄洪能力不足；长时间降雨或几种降雨造成岸坡滑塌，或是上游漂浮物堵塞溢洪道、泄洪洞，或泄水断面减少。

2）土石坝渗漏

土石坝渗漏包括坝体渗漏和坝基渗漏，由于坝体或坝基渗流导致土体颗粒流失产生集中渗流，发展为管涌、流土，冲刷周围造成垮坝。

坝体渗漏原因：坝体不均匀沉降产生横向裂缝；坝体质量差，存在水平薄弱层；下游坝体没有反滤体或不满足反滤要求；白蚁进入坝体繁殖，蚁路形成漏水通道；坝体质量差，水位长时间超高，水力劈裂产生水平裂缝。

坝基渗漏原因：上游铺盖的防渗能力不足或长度、厚度不够；坝基和两岸结合面未做截渗处理或没有处理彻底；河槽和两岸砂卵石未截断面或坝基灌浆没有做到设计标准；地质勘探不够准确。

3）土石坝结构破坏致使溃坝

坝体由于变形造成裂缝，使坝体失稳；筑坝质量差，土质干裂，干密度低；大坝两岸岸坡过陡或有陡坡；筑坝材料抗拉力小；原状土未处理；长时间降水使上游坝体饱和；心墙填土质量差，大坝发生横向裂缝、纵向裂缝或水平裂缝等造成大坝失稳；库水位快速下降，大坝失稳；溢洪道和坝体结合处产生渗流破坏而冲毁；泄洪扒口过大；下泄洪水冲刷下游坝脚引起大坝失稳；洪水载荷下安全系数不足；长期降雨使得大坝上部饱和，强度降低产生纵向裂缝，减少了阻滑力；裂缝进水，加大了推力；坝坡过陡；新老坝体结合处质量差[43]。

4）坝体滑坡致使溃坝

大坝整体稳定性差，现状强度指标不够；排水系统损坏，坝体浸润线过高；坝坡过陡，水库运行中上游水位发生骤降。

5）溢洪道、涵洞、泄洪洞出现问题致使溃坝

坝体、溢洪道或泄洪洞所在的山体发生不均匀沉降，导致溢洪道、涵洞、泄洪洞发生断裂、裂缝或坍塌；防水涵洞的涵管质量不达标或与土石坝之间无可靠的止水圈防渗；坝体和涵洞结合部位填筑质量差。

6）建设运行管理不当致使溃坝

水库建设初期设计施工质量差；运行管理资金不到位或管理技术和手段落后，使水库长期得不到正常的维护，缺乏必要的监测设施，水库老化失修严重；法律法规不完善，管理人员盲目蓄水，擅自抬高汛限水位，抬高溢洪道底板，在溢洪道上筑临时子堰挡水导致溃坝；管理人员不按时进行监测和巡视，盲目运用。

7）地震引起溃坝

地震引起横向裂缝，产生漏水，发展为管涌，导致溃坝；地震使大坝产生纵向裂缝，紧接着坝体滑坡导致溃坝；地震作用使大坝基础液化，造成大坝破坏，导致溃坝。

有关文献对1954—2006年间的3498座水库大坝溃坝原因进行了统计，结果见表9-2[44]。

从洪水漫顶、结构破坏、渗透破坏、坝体滑坡、溢洪道破坏，以及涵洞破坏、泄洪洞破坏问题等不同风险因素出发，采用事件树或故障树的方法分别识别潜在事故发生的原因、模式和路径。同时结合工程实际情况，厘清重要影响因素、次要影响因素和一般影响因素，可用于指导开展针对性的风险管控工作。溃坝模式及其发展过程如图9-6所示。

表 9-2　我国大坝主要溃坝模式及其原因统计

序号	溃坝原因	溃坝原因细项	溃坝数（座）	比例（%）	正常运行的溃坝数（座）	比例（%）
1	漫顶	超标准洪水	440	12.58	309	12.91
		泄洪能力不足	1352	38.66	836	34.94
2	质量问题	坝体渗漏	593	16.96	456	19.05
		坝体滑坡	113	3.23	87	3.63
		坝体质量差	50	1.43	32	1.33
		坝基渗漏	40	1.14	31	1.29
		坝基滑动或塌陷	6	0.17	5	0.21
		岸坡与坝体接头处渗漏	79	2.26	70	2.93
		溢洪道与坝体接触处渗漏	22	0.63	20	0.84
		溢洪道质量差	192	5.49	105	4.39
		涵洞（管）与坝体接合处渗漏	155	4.43	138	5.77
		涵洞（管）质量差	40	1.14	27	1.13
		生物洞穴	4	0.11	3	0.13
		新老接合处渗漏	14	0.40	11	0.46
3	管理不当	超蓄	40	1.14	32	1.34
		维护运用不良	62	1.77	31	1.30
		溢洪道筑埝不及时拆除	15	0.43	11	0.46
		无人管理	51	1.46	38	1.59
4	其他	库区或溢洪道塌方	68	1.94	50	2.09
		人工扒坝	81	2.32	58	2.42
		工程设计布置不当	20	0.57	14	0.59
		上游垮坝	5	0.14	2	0.08
		其他	5	0.14	2	0.08
5	原因不详	原因不详	51	1.46	25	1.04
	合计		3498	100.00	2393	100.00

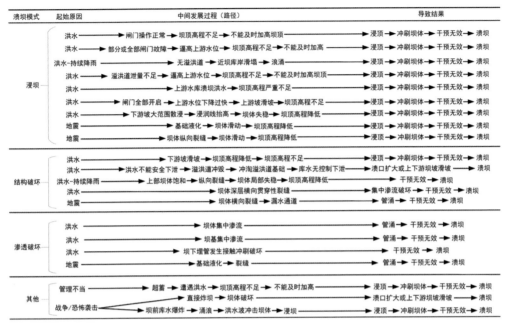

图 9-6　溃坝模式及其发展过程

9.3.3　风险概率预测

风险概率可采用事件树法计算。事件树中初始事件发生概率取初始事件发生的概率；溃坝路径上各分支事件或各环节发生的概率可根据历史资料统计法或专家经验法赋值，某些分支事件或环节也可采用可靠度法计算。历史资料统计法是根据历史上已发生的类似事件频率来确定将来发生该事件的可能性。事件树中某分支事件如果由若干事件共同作用引起，可采用故障树法计算该分支事件发生的概率。

溃坝概率 P 的计算：

$$P = \sum_{i=1}^{n} P_i \tag{9-1}$$

式中，P 为溃坝概率，P_i 为第 i 种荷载状态下的溃坝概率，n 为荷载状态数量。

1）漫顶风险预测

导致洪水漫顶的原因有很多，包括现状抗御洪水能力不够、坝顶超高不够、溢洪道不能安全下泄洪水、坝顶高程突然降低等。漫顶风险预测时将根据不同的原因和模式进行计算。

导致现状抗御洪水能力不够的主要原因有：遭遇超标准洪水；水文系列增加，导致设计洪水增大；洪水标准提高；上游水库溃决；无溢洪道。

导致坝顶超高不够的原因有：原来设计考虑不充分或没有考虑；原坝顶高程已经发生较大沉降；没有补足坝顶高程；风浪超过设计标准；近坝岸坡大体积滑坡涌浪翻过坝顶。

导致溢洪道不能安全下泄洪水的原因有：溢洪道泄量不够；溢洪道闸门打不开或操作失灵；溢洪道堵塞。

导致坝顶高程突然降低的原因有：上、下游坡滑动；下泄洪水冲刷坝脚，使下游坡滑动；坝体或坝基局部发生严重管涌、坍塌。

2）管涌风险预测

渗流破坏一般表现为集中渗流，发展成为管涌、流土，冲刷周边通道不断坍塌、扩大，若无法控制，便会导致溃坝。分别从坝体集中渗漏、坝基集中渗漏预测风险。

坝体集中渗流的原因有：坝体存在渗漏通道；实际渗漏坡降大于坝体抗渗能力。导致坝体存在渗漏通道的原因有：均匀坝体不均匀沉降大，产生贯通上下游的横向裂缝；水力劈裂产生水平向裂缝；坝体填筑时存在水平向薄弱层；动物破坏产生贯通上下游的洞穴；坝体和刚性建筑物之间的结合部处理不当。导致实际渗漏坡降大于坝体抗渗能力的原因有：库水位超过正常高水位；坝体填筑质量差，各向异性严重，存在水平向透水层；心墙两侧设计无反滤层保护或反滤层级配不满足要求；设计坝体无排水系统或排水系统淤堵失效；排水棱体失效。

坝基集中渗漏的原因有：上游水平铺盖防渗能力不足，坝基未处理或处理不当，坝后覆盖层抗渗能力不足。上游水平铺盖防渗能力不足的原因有：防渗铺盖长度和厚度不足，铺盖裂缝。坝后覆盖层抗渗能力不足的原因有：坝后覆盖层厚度不足，天然覆盖层被破坏，覆盖层材料级配不好。

3）溢洪道破坏风险预测

溢洪道破坏是指溢洪道质量差，在泄洪过程中被冲毁，或者由于溢洪道和坝体、坝基结合不好，发生接触冲刷而导致溢洪道被冲毁。

溢洪道被冲毁，引发冲淘溢洪道基础，导致库水位无法控制下泄，进而导致溃口扩大、上游坡滑坡、回流冲刷下游坝脚致下游坡滑动。

4）坝下涵管风险预测

由于坝下涵管质量差、埋管周围填土碾压密实度不足、埋管和坝体结合部无防渗措施等原因，导致坝下涵管发生接触冲刷。

5）综合风险预测

分别根据漫顶、管涌、溢洪道破坏、坝下埋管破坏等因素，预测综合溃坝风险。综合风险预测如图 9-7 所示。

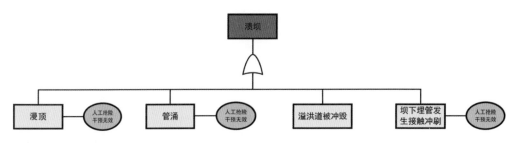

图 9-7　综合风险预测

9.3.4　风险损失估计

1）溃坝后果估计

溃坝后果估计包括溃坝洪水分析、溃坝洪水风险图制作，以及溃坝生命损失、经济损失和社会损失影响指数计算等。

溃坝洪水分析包括溃口洪水分析和溃坝洪水演进分析。

溃坝洪水风险图制作是融合洪水特征信息、地理信息、社会经济信息，通过洪水计算、风险判别、社会调查，反映溃坝发生后潜在风险区域洪水要素特征的专题地图。

采用人口密度估算法，计算溃坝生命损失。从直接经济损失和间接经济损失两方面计算溃坝经济损失。根据社会与环境影响因素，计算溃坝社会与环境影响指数。

2）风险分类计算

大坝风险分类计算包括生命风险、经济风险、社会与环境风险以及大坝综合风险指数的计算。

9.3.5 综合风险评价

风险评估是一个决策过程，主要包括风险分析和风险评价，通过将大坝风险的计算结果与大坝风险标准相比较，评估风险级别，并作为大坝风险决策的依据。如果评估结果认为风险已经不能接受，则需要进入风险处置程序以降低风险。国际大坝委员会关于大坝风险评估框架如图9-8所示。

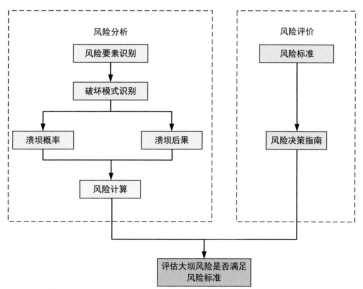

图9-8 大坝风险评估框架

大坝风险决策原则如下：

（1）当大坝风险位于极高风险区域时，应立即采取强制措施降低风险。

（2）当大坝风险位于不可接受风险区域时，应尽快采取措施降低风险。

（3）当大坝风险位于可容忍风险区域时，应根据最低合理可行（ALARP）原则确定是否需要对风险做进一步处理。

1）大坝安全风险源识别

根据 G 水库工程的实际情况，识别大坝安全风险的来源和影响范围，分别针对洪水漫顶、渗透破坏、结构破坏、坝体滑坡、溢洪道或坝下管涵破坏等潜在失事原因、失事模式和路径、潜在失事损失等进行识别。厘清重要影响因素、次要影响因素和一般影响因素，用于指导开展针对性的风险管控工作。

2）多源监测数据智能感知

采用先进技术手段开展大坝安全检测和监测，实现多源数据的智能感知与监控。安全检测的工作内容有：迎水坡面板外观裂缝检测、坝体渗漏通道探测、输水底涵（隧洞）检测、坝体密实检测、土体空洞（蚁穴、鼠洞）探测、面板脱空探测等。安全监测的工作内容有：现场巡视检查、环境量监测、坝体表面变形监测、坝体内部变形监测、渗流量监测、渗流压力监测、土压力监测、近坝岸坡监测等。

3）异常状况识别和预警指标建立

通过单点时序特征模拟、环境相关模拟、多维空间模拟等模型智能推理，建立大坝监测数据异常的智能识别方法。综合采用定量阈值判定和定性准则判定的方法，建立针对大坝安全的关键性监控指标及其监测预警阈值，如断面扬压力异常、断面扬压力折减系数超限、大坝渗漏量陡增、水平位移陡增、垂直位移陡增等。

4）大坝综合风险评价

根据 G 水库工程的实际情况，确定生命风险标准、经济风险标准、社会与环境风险标准等。在分析风险监控数据的基础上，采用事件树等方法分析潜在失事事件可能发生的概率及其溃坝的总概率。计算溃坝洪水并生成溃坝洪水风险图，预测溃坝生命损失、经济损失和社会环境影响指数，进而计算分类风险指数和综合风险指数。在建立风险评估框架的基础上，借助计算机技术实现智能风险评估和辅助应急管理。

9.4 安全风险识别与预警

9.4.1 异常状况识别

在大坝安全监测中，使用了大量的、不同类型的监测传感器。传感器在工作期间，受自身因素或外部环境的影响，或者是因监测结构体的变化，会产生一些异常观测数据。如何从这些数据异常中去除干扰因素，得到真正的监测结构体异常变化数据，是安全监测工作中的难点。应分别针对 GNSS 监测、渗流压力监测、渗流量监测、深层水平位移监测、深层沉降监测等监测内容和不同的监测传感器，从单点时序特征模拟、环境相关模拟、多维空间模拟等方面入手，对安全监测数据进行全面的分析，建立数据异常的智能识别探测方法，从而解决数据异常评判工作量大、准确率低的问题。

9.4.2　预警指标建立

综合采用定量阈值判定和定性准则判定的方法，建立针对大坝安全的关键性监控指标及其监测预警阈值，如断面扬压力异常、断面扬压力折减系数超限、大坝渗漏量陡增、水平位移陡增、垂直位移陡增、大坝绕坝渗流异常、稳定系数不足、日常巡视异常等。

根据安全监测预警阈值，建立分等级的安全预警分析：

一级预警类型：变形量值超限、断面扬压力超安全值、渗流量超设计值、实时安全系数小于设计值、深层抗滑稳定、巡视检查发现失稳征兆。

二级预警类型：变形异常且时效发散、应力异常且时效发散、扬压力测值超限比例大、断面扬压力超设计值、渗漏量异常增加、巡视检查发现安全隐患。

三级预警类型：变形异常且时效收敛、应力异常且时效收敛、扬压力测值超限比例增加、断面扬压力陡增、渗漏量出现逐渐增大趋势、巡视检查发现管理问题。

第 10 章　综合管理：风险监控预警平台

通过多种传感器获取大坝各种信息后，如何将其有效组织、分析、评估、预警是我们开展水库大坝监测工作的目的，因此有必要组织一个风险监控预警平台来有效地管理各种传感器的信息，根据已有知识库和实际情况来分析和评估风险级别，对异常情况做出预警，从而达到对水库大坝常规和应急等情况进行综合管理的目的。

本书提出了"水库群安全监测"这一概念，将一定行政区域内的水库作为一个整体进行监测，既有利于监测工作的组织，也有利于降低成本，还有利于消除全国 90% 以上小型水库得不到任何形式的监测这一事实。因此风险监控预警平台也需设成分级预警的方式，即按"市级—区（县）级—乡镇（水库管理处）级"三级布设。各级功能有重点也有区分，如市、区（县）两级着重于全面掌握情况，而乡镇（水库管理处）级则侧重于实现单一水库的监测。

本书仅对风险监控预警平台的功能做一些论述，至于其具体实现路线，各水库管理机构和相关单位有各自的方法，本章不再赘述。

10.1　基础数据管理

对大坝进行综合管理，其基础是大坝的智能感知，这里智能感知数据就是水库大坝健康诊断的数据，包括非定期进行的安全隐患检测数据、在线监测的数据，最终形成统一的水库监测资料数据库。大坝表面变形监测智能感知系统如图 10-1 所示。

安全隐患检测数据管理：开发安全隐患检测数据管理功能模块，针对超声波、地质雷达、电阻率探测、人工巡检等检测数据，实现查询、展示、分析等功能操作，支持隐患点的自动识别与提取。

安全监测数据管理：开发设备在线和人工监控功能模块，实现在线和人工监测数据接收、数据存储、数据统计、数据显示等功能。通过监控软件可查询传感器、设备以及整个系统的运行状态，并自动报警，同时将设备缺陷信息及时报送给相应的设备主人或专业维修队伍，实现缺陷或故障的快速处理。

图 10-1 大坝表面变形监测智能感知系统

水库资料数据库：基于水库基本信息、工程资料、历史监测资料、人工巡检数据、安全隐患监测数据、在线监测数据，分别建立基础资料数据库、实时数据库、成果数据库、图形数据库等，实现水库监测资料录入、解除、核实、消亡的全过程管理。

以安全监测数据管理及水库监测资料数据库为核心的大坝综合管理系统如图 10-2 所示。

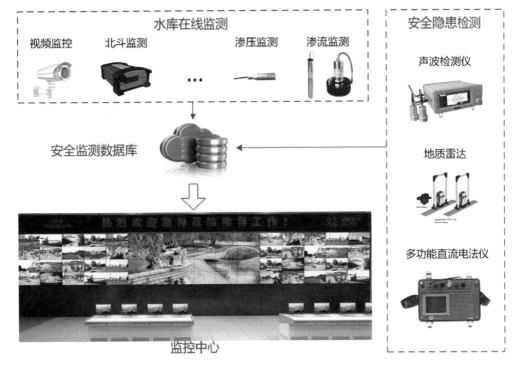

图 10-2 大坝综合管理系统

10.2　动态数据感知

对水库实现在线的安全监测，以 GNSS、InSAR 数据为主，集成渗流量、渗流压力、温度、测斜等多种传感器监测数据，使水库的安全监测数据全面、准确、及时地被感知，从而完善所建立的安全隐患监测数据库。运用大坝运行安全风险评价技术，结合所建立的水库监测资料数据库（历史数据库）、安全隐患检测数据库与预警指标体系，对水库大坝所处状况进行识别，从而对水库的整体健康状况有一个综合评估，可根据分析与评估结果做出异常预警。

这其中最为关键的就是动态数据感知，动态数据要做到全面、准确、及时、安全地被感知。"全面"就是数据要覆盖齐全，InSAR、GNSS、渗流量、渗流压力、测斜等采集的数据应尽可能齐全，各个数据在整个风险监控预警平台起的作用不一，InSAR 监测起到全面监测水库坝体（库岸边坡）整个表面变形的作用，北斗监测起到重点监测水库坝体表面某一部位变形的作用，渗流量监测起到监测水库坝体渗漏量的作用，渗流压力监测起到监测水库坝体（坝基）渗透压力的作用，测斜起到监测水库坝体内部变形的作用；"准确"就是各个传感器采集到的数据要力求准确，不能出现超出规范要求的不真实数据；"及时"就是各个传感器要及时传递数据，必须确保数据按时传送到位，以满足"动态"的要求；"安全"就是要求数据的传送过程必须符合相关的保密要求。

10.3　在线异常预警

在对水库大坝进行风险分析和评估后，可根据分析与评估结果做出异常预警，可以考虑对监测对象的风险等级进行划分，将大坝监测的风险级别暂时划分为五类，具体为无需关注、关注、重点关注、预警、报警。部分出现预警或报警的区域可能存在"误报"的情况，但往往误报的区域的变形情况已经属于较为严重，需要有关部门关注并根据相应规范做出处理。

预警信息包括预警级别、出险水库的地点、出险时间、可能影响范围、警示事项、应采取的措施和发布机关等。

搭建在线监测数据分析模块，实现库水位、坝体变形、渗流渗压监测等数据的过程线分析、位势分析、水位变化过程线分析、水位相关过程线分析、水位相关分析、水位变化相关分析、滞后时间推算、多项式回归分析、沉降模型分析、横向位移率分析、竖向位移速率分析和裂缝风险分析等功能。

实现监测数据的预警判断与显示。报警参数设定后，可根据要求对每个测点的实际观测值进行报警判断与图像显示。用户可以直观地看到所选择的多个测点在相同时间的报警情况，以及每个测点随时间变化的历史报警情况，从而分析出观测点的报警状态。通过建立在线监测数据分析模块，建立监测预警模型，搭建大坝风险监控预警平台，如图 10-3 所示。

图 10-3　大坝风险监控预警平台

10.4　综合风险管理

大坝可能发生裂缝、滑坡、管涌以及漏水、大面积散浸、集中渗流、决口等危及大坝安全的可能导致垮坝的险情，因此必须进行大坝的风险分析与评估。

风险分析与评估是由人主动参与的一项包含风险标准的制定、概率分析、后果分析，最后进行综合评价的具有重要功能的工作。通过模型的应用和不断修正可针对水库大坝监测数据构建评价体系和准则成果，实现坝体在线实时安全分析和评价。

风险标准：水库大坝风险定性分级图、群体生命风险定量分级图、经济风险定量分级图、社会与环境风险定量分级图。

管涌概率分析：建立管涌分析评价知识库和管涌综合评价模型库，针对不同管涌产生原因，在管涌模式与路径分析基础上，依据主要管涌模式与管涌路径，采用事件树法计算管涌概率。

溃坝概率分析： 建立溃坝分析评价知识库和溃坝综合评价模型库，其中评价模型包括模糊综合评价方法、灰色关联度方法、人工神经网络方法等。针对不同荷载，在溃坝模式与路径分析基础上，依据主要溃坝模式与溃坝路径，采用事件树法计算溃坝概率。

溃坝后果分析： 溃口洪水分析、溃坝洪水演进分析、溃坝洪水风险图制作、溃坝生命损失估计、经济损失估计、社会损失估计等。

综合评价分析功能： 通过模型的应用，可针对水库大坝监测数据构建评价体系和准则成果，实现坝体在线实时安全分析和评价，并根据综合评价指标体系成果实现定期人工综合评价支持功能。

10.5　辅助应急决策

在得到系统的异常预警后，系统即进入应急管理状态，系统需提供应急预案管理、应急资源管理、应急事件管理、态势一张图、应急处置等功能，以便管理单位能快递、高效地做出反应。

应急预案管理： 各级水行政管理单位能够查询所管水库的应急预案，并提供应急预案下载、打印等功能。以水库的应急预案为基础，将预案中不同的响应级别对应的启动条件与水库的水雨情、大坝安全监测等预警条件进行关联，当发生预警后，系统可自动发出应急预案相应级别的响应措施。同时，将应急预案中相应的淹没影响范围、群众疏散路线在系统中进行可视化。

应急资源管理： 基于水库的应急预案，系统可对水库应急指挥与应急处置机构、应急专家组、应急队伍与人员、应急设备与物资，以及多类数据接入进行管理，包括应急资源的查询、录入、修改、删除等操作。

应急事件管理： 基于 GIS 的事件创建，事件的基础信息、发展过程、处置方式的记录，发布的消息以及事件的状态更新等。

态势一张图： 基于 GIS 技术，态势图可实时展示应急事件本身状况及其发展趋势、水利工程建筑物的运行状态、人员及物资调配情况、群众安全疏散状况等事态因素。

应急处置： 主要包括信息接收、事件管理、信息发布、指挥调度等功能。

参考文献

[1] 王健，王士军．全国水库大坝安全监测现状调研与对策思考 [J]．中国水利，2018（20）:15-19.

[2] 徐绍铨，李征航，李振洪，等．隔河岩大坝外观变形 GPS 自动化监测系统 [J]．测绘科技通讯，1999（02）:3-5.

[3] 刘德军，葛培清，何滨．澜沧江糯扎渡水电站枢纽工程安全监测自动化系统综述 [C]．中国大坝协会．高坝建设与运行管理的技术进展——中国大坝协会 2014 学术年会论文集．中国大坝协会：中国大坝协会，2014:374-381.

[4] 王川，杨姗姗，董泽荣，等．GNSS 监测系统在小湾拱坝安全监测中的应用 [J]．水电自动化与大坝监测，2013，37（01）:63-67.

[5] 廖文来，张君禄，杨光华，等．郁南大堤 GNSS 变形监测数据解算与分析 [J]．广东水利水电，2015（03）:45-47.

[6] 杨文滨，袁明道，李德吉，等．广东省大中型水库大坝安全监测现状统计分析及对策 [J]．广东水利水电，2013（01）:11-14.

[7] 李春升，王伟杰，王鹏波，等．星载 SAR 技术的现状与发展趋势 [J]．电子与信息学报，2016，38（01）:229-240.

[8] 张薇，杨思全，范一大，等．高轨 SAR 卫星在综合减灾中的应用潜力和工作模式需求 [J]．航天器工程，2017，26（01）:127-131.

[9] 徐辉，刘爱芳，王帆．轻小型星载 SAR 系统发展探讨 [J]．现代雷达，2017，39（07）:1-6.

[10] 何朝阳，巨能攀，解明礼．InSAR 技术在地质灾害早期识别中的应用，西华大学学报 [J]，2019，38（1）:32-29

[11] Townsend W. An initial assessment of the performance achieved by the Seasat-1 radar altimeter[J]. IEEE Journal of Oceanic Engineering, 1980, 5(2): 80-92.

[12] Howard-A Zebker, Goldstein Richard-M. Topographic mapping from interferometric synthetic aperture radar observations[J]. Journal of Geophysical Research: Solid Earth, 1986, 91(B5): 4993-4999.

[13] Alessandro Ferretti, Prati Claudio, Rocca Fabio. Nonlinear subsidence rate estimation using permanent scatterers in differential SAR interferometry[J]. IEEE Transactions on geoscience and remote sensing, 2000, 38(5): 2202-2212.

[14] Alessandro Ferretti, Prati Claudio, Rocca Fabio. Permanent scatterers in SAR interferometry[J]. IEEE Transactions on gescience and remote sensing, 2001, 39(1): 8-20.

[15] Paolo Berardino, Fornaro Gianfranco, Lanari Riccardo, et al. A new algorithm for surface deformation monitoring based on small baseline differential SAR interferograms[J]. IEEE Transactions on geoscience and remote sensing, 2002, 40(11): 2375-2383.

[16] Andrew Hooper. A multi - temporal InSAR method incorporating both persistent scatterer and small baseline approaches[J]. Geophysical Research Letters, 2008, 35(16).

[17] Alessandro Ferretti, Alfio Fumagalli, Fabrizio Novali, et al. A New Algorithm for Processing Interferometric Data-Stacks: SqueeSAR. IEEE Transactions on Geoscience and Remote Sensing, 2011, 49(9):3460-3470.

[18] 张永红，张继贤，林宗坚 . 由星载 INSAR 生成 DEM 的理论误差分析 [J]. 遥感信息，1999，212-15.

[19] 李德仁，周月琴，马洪超 . 卫星雷达干涉测量原理与应用 [J]. 测绘科学，2000，25（1）：9-12.

[20] 刘国祥，丁晓利，李志林，等 . 使用 InSAR 建立 DEM 的试验研究 [J]. 测绘学报，2001，30（4）：336-342.

[21] 单新建，马瑾，柳稼航，等 . 星载 D-InSAR 技术及初步应用——以西藏玛尼地震为例 . [J]. 地震地质，2001，23（3）：439-446.

[22] 游新兆，王琪，乔学军，等 . 大气折射对 InSAR 影响的定量分析 [J]. 大地测量与地球动力学，2003，81-87.

[23] 李德仁，廖明生，王艳 . 永久散射体雷达干涉测量技术 [J]. 武汉大学学报（信息科学版），2004，29（8）：664-668.

[24] 薛怀平，刘根友，曾琪明，等 . 三峡库区秭归 GPS-CR 滑坡监测网的建立 [J]. 测绘荆楚——湖北省测绘学会 2005 年"索佳杯"学术论文集，2005.

[25] 罗海滨，何秀凤 . 应用 InSAR 与 GPS 集成技术监测地表形变探讨 [J]. 遥感技术与应用，2006，21（6）：493-496.

[26] 吴云孙，李振洪，刘经南，等 . InSAR 观测值大气改正方法的研究进展 [J]. 武汉大学学报（信息科学版），2006，31（10）：862-867.

[27] 屈春燕，宋小刚，张桂芳，等 . 8.0 地震 InSAR 同震形变场特征分析 [J]. 地震地质，2008.

[28] 陶秋香，刘国林 . PS InSAR 公共主影像优化选取的一种新方法 [J]. 武汉大学学报（信息科学版），2011，36（12）：1456-1460.

[29] 孙赫，张勤，杨成生，等 . PS-InSAR 技术监测分析辽宁盘锦地区地面沉降 [J]. 上海国土资源，2014，（2014 年 04）：68-71.

[30] 王会强，冯光财，喻永平，等 . 基于 C 波段和 L 波段的 SBAS-InSAR 技术监测广州地面沉降 [J]. 测绘工程，2016，25（11）：60-64.

[31] 张磊，杨帆，李超飞，等 . 宁波地面沉降的短基线集监测与分析 [J]. 测绘科学，2017，42(12): 77-82.

[32] 胡爽，吴文豪，龙四春，等 . 分布式目标在红庆河煤矿形变监测中的应用 [J]. 大地测量与地球动力学，2019，39（12）：1261-1264.

[33] 蒋弥，丁晓利，李志伟 . 时序 InSAR 同质样本选取算法研究 [J]. 地球物理学报，2018，61（12）：4767-4776.

[34] 李毅 . 融合分布式目标的矿区长时序 InSAR 地表形变监测 [D/OL]. 徐州：中国矿业大学，2019 [2019-5]. http://cdmd.cnki.com.cn/Article/CDMD-10290-1019604111.htm.

[35] Tao Li, Mahdi Motagh , Mingzhou Wang, et al. Earth and Rock-Filled Dam Monitoring by High-Resolution X-Band Interferometry：Gongming Dam Case Study[J]. Remote Sensing, 2019, 11(3):246.

[36] Ge Lin-lin, Eric Cheng, Li Xiao-jing, et al. Quantitative Subsidence Monitoring : The Integrated InSAR, GPS and GIS Approach [C]. The 6th International Symposium on Satellite Navigation Technology Including Mobile Positioning & Location Serivces. Melbourne: Australia, 22-25 July, 2003.

[37] 杨成生，侯建国，季灵运，等 . InSAR 中人工角反射器方法的研究 [J]. 测绘工程 ,2008(04):12-14.

[38] 姜文亮 . PS InSAR 技术监测断层活动性应用研究 [D]. 中国地震局地壳应力研究所，2007.

[39] 宁津生，姚宜斌，张小红 . 全球导航卫星系统发展综述 [J]. 导航定位学报，2013，1（01）:3-8.

[40] HOFMANN-WELLENHOF B, LICHTENEGGER H, WASLE E.GNSS-Global Navigation Satellite Systems:GPS, GLONASS, Galileo and More[M].Berlin:Springe, 2008.

[41] 杨元喜 . 北斗卫星导航系统的进展、贡献与挑战 [J]. 测绘学报，2010，39（1）:1-6.

[42] 严磊 . 大坝运行安全风险分析方法研究 [D]. 天津大学，2011.

[43] 杨少俊，杨朝娜 . 土石坝溃坝的成因分析与防治措施 [C]. 2012 全国灌区信息化建设与防渗抗冻胀技术专刊，2012.

[44] 解家毕，孙东亚 . 全国水库溃坝统计及溃坝原因分析 [J]. 水利水电技术，2009，40（12）:124-128.

结语

随着水利行业"补短板、强监管"发展改革的不断深入和智慧水利的快速发展，传统人工监测已逐渐不能满足未来水利工程管理的需求，无人值守的监测方式必将成为未来的应用趋势。

北斗监测技术具有全天候、高精度、实时、自动化变形监测以及不受站点通视条件影响的特点，在台风暴雨等极端气象条件下具有独特优势。以北斗技术为基础构建大坝表面变形监测系统，开展土石坝表面变形监测结果的实时分析，有助于提高水库安全管理水平。

InSAR 技术具有大范围面状监测、非接触式测量、低成本等优势，用于低成本获取大坝外部变形数据正逐渐成为现实。面向监测设施匮乏、经济条件有限、专业人员不足的中小型水库安全管理，InSAR 技术能获取到弥足珍贵的变形监测数据，有利于填补安全监测的空白，能更好地弥补管理短板。

深圳市水务规划设计院股份有限公司作者团队基于水利工程的实际需求，开展针对性的关键技术应用，开发了 GNSS 变形监测接收机、GNSS 监测软件平台、InSAR 数据处理方法、InSAR 数据处理软件平台、InSAR 角反射器等一系列技术和产品，并在一系列项目中进行了示范应用，为大坝安全监测的技术进步作出了贡献。

未来，我们将继续以 InSAR 大范围监测技术为基础，以北斗等多源传感器实时全天候监测技术为核心，建立高效、精准、经济的安全风险智能感知网络，形成水库群安全监测新模式，即：以 InSAR 技术为主，对大坝、库岸边坡等监测对象进行全覆盖的表面变形监测；以 GNSS、渗压计、量水堰计等传感器技术为支撑，对重要设施开展实时连续监测，确保关键信息的及时获取；在紧急情况下（如台风、特大暴雨、灾后等），针对特殊点位，快速部署 GNSS 接收机等应急监测设备，开展应急监测；以传统人工手段为辅助，开展辅助性监测或必要的数据验证；综合各种技术手段，做到"点面结合无盲区，主次有序高效率"。

在充分获取安全监测数据的基础上，下一步我们还将研发土石坝健康诊断分析方法、预警技术及其指标体系，形成大坝安全智慧管理决策系统。相信在卫星技术和大数据、人工智能、云计算、无线通信等先进技术的共同推动下，水库群监测技术必将迎来新一轮的变革。

陈凯

致谢

感谢武汉大学李陶教授在北斗和 InSAR 监测方面给予的帮助和支持。本书涉及的技术研究和文稿撰写，得到了李陶教授的悉心指导和大力支持，部分成果来自于李陶教授团队的研究成果，在此表示衷心感谢！

感谢武汉大学叶世榕教授、姜卫平教授在北斗监测研究方面给予的帮助和支持。

感谢德国地学研究中心麦迪·莫塔夫（Mahdi Motagh）教授，同济大学张磊教授，湖南科技大学龙四春教授、吴文豪博士等在 InSAR 监测研究方面给予的帮助和支持。

感谢梁源川、金喜、李吉平等在 InSAR 监测数据源方面给予的支持。

感谢深圳市水务局、深圳市龙岗区水务局、深圳市水务科技信息中心、深圳市铁岗·石岩水库管理处、深圳市北部水源工程管理处、深圳市公明供水调蓄工程管理处、深圳市龙岗河坪山河流域管理中心等水务部门对本书研究工作给予的大力支持！

陈凯